JN037683

八女茶 発祥600年

YAMECHA 600th Anniversary Book

福岡の八女茶 発祥600年祭
実行委員会 監修

中央公論新社

八女茶　発祥６００年

目次 Contents

第一部

第一章　八女茶のいま

第二章　高品質のお茶づくり……69

Contents

第二部
八女茶史６００年

Contents

第一部

序章
発祥600年記念特別座談会

茶がつなぐ八女の歴史文化

福岡の八女茶が発祥から６００年を迎えたことを記念し、２０２３年７月に特別座談会が開かれました。

登壇者は、歴史作家の安部龍太郎氏、八女市長の三田村統之氏、そして、茶業に携わる吉泉正幸氏、松延伸治氏の４名。

茶を核にした八女の伝統と文化に心を馳せ、また、未来に懸ける思いまで、存分に語っていただきました。

安部龍太郎
Ryutaro Abe

歴史作家

1955年、福岡県八女市生まれ。久留米工業高等専門学校卒業後、東京都大田区役所に就職。後に図書館司書を務めながら数々の新人賞に応募、『師直の恋』で佳作となる。1990年に発表した『血の日本史』でデビュー。2013年、『等伯』で第148回直木賞受賞。福岡県文化賞、京都府文化賞も受賞している。

三田村統之
Tsuneyuki Mitamura

八女市長

1944年、福岡県八女市生まれ。早稲田大学卒業後、1975年より八女市議会議員を2期務め、1991年より福岡県議会議員を5期務める。2005年、福岡県議会第67代副議長。2008年11月に八女市長に就任し、現在4期目に入っている。

松延伸治

Shinji Matsunobu

福岡八女農業協同組合
茶業部会副部会長

１９６６年、福岡県八女市生まれ。福岡県立八女農業高校を卒業後、静岡県内の篤農家にて２年間の研修の後、家業の茶生産に従事。２０２１年より茶業部会副部会長に就任。現在２期目に入り、全国お茶まつり福岡大会・福岡の八女茶発祥６００年祭の開催に向け尽力している。

吉泉正幸

Masayuki Yoshiizumi

福岡県茶商工業協同組合
理事長

１９５２年、福岡県八女市生まれ。成城大学卒業後、１９８０年、「吉泉園」に入社。１９９５年に４代目社長に就任し、２０１３年より会長に就く。同組合の理事長に就任したのは２０２０年。「茶手採み技術師範認定」を取得している。

――発祥600年を迎えて

三田村　今日はこのような場を設けていただいて、ありがたく思っております。とりわけ、八女市ご出身の安部先生と歴史やお茶のお話ができるのは貴重な機会です。

ご承知のとおり、今年2023年は、八女茶発祥600年という大きな節目に当たります。発祥について簡単にお話をすると、八女茶は室町時代に中国から入ってきたわけですが、明国で禅修行を終えた栄林周瑞禅師（えいりんしゅうずいぜんじ）が、茶の種子と製茶技術を持ち帰ったのが起源とされ、発祥の地は黒木町笠原です。当時はまだ藩政がなく、現在の八女市、筑後市一帯を治めていた黒木一族が、村の有力者である松尾太郎五郎久家（まつおたろうごろうひさいえ）とともに生産を伝え広めたといわれます。

安　部　僕はまさに、その黒木町のはずれに位置する山間部の出身なんです。標高が450メートルぐらいある所で、それはもう谷が険しい。子ども時分は、谷の斜面を切り開いて茶畑をつくっていた時代で、僕も雑木林の根を掘り起こしたり、整地を手伝ったりしたものです。お茶摘みの経験もありますしね。それだけに、この600年というのは大変感慨深く、こうしてお招きいただいたのは嬉しいです。

吉　泉　黒木町において、百三十数年、吉泉園という屋号でお茶の製造販売に携わってきた身としては、６００年の歴史を通じて茶業を培い、現在まで引き継いでくれた先人たちに、まずは感謝をしたいですね。

八女の豊かな歴史的文化、ことに生活文化を支えてきたのは、間違いなくお茶です。〝団欒〟には必ずお茶の存在があり、地域の絆をも紡いできた。お茶は、八女にとって非常に重要な役割を果たしてきたのです。

松　延　そうですよね。私は平坦地のほうで煎茶をメインに作っていますが、携わってからまだ三十数年。とても６００年を語ることはできませんが、ご先祖様たちの努力があってこその今日です。努力や実績を継いで生産者でいられるのは非常に幸せなことで、日々、それを噛みしめながらお茶を作っています。

――茶は国際的に開かれたもの

安　部　そもそも、お茶は遣唐使によって日本に持ち込まれたという歴史があります。遣唐使たちが日本に伝えた中国文化はさまざまあって、薬はもちろんのこと、例えば納豆や豆腐、うどんなんかもそう。中国に留学して、これは「日本にとって有用だ」と持ち帰ったもののなかに、お茶もあったというのが非常に興味深い点です。まさに、お茶は国際的に開かれたものだったと。

遣唐使に興味を持ち、関係する物語も書いてきましたが、そのきっかけは、僕自身が昔からずっと国際品であるお茶と触れ合ってきたことじゃないかと思うんですよ。

三田村　先に八女茶の祖として挙げた栄林周瑞禅師も、まさに遣唐使のような存在ですよね。茶の実を持ち帰った黒木町笠原が、かつて修行した蘇州の景観によく似ていることから霊巌寺（れいがんじ）を建立し、栽培法や喫茶法など広く伝授したわけですから。

安　部　霊巌山寺（れいがんざんじ）というのは周瑞禅師が蘇州で修行したお寺で、今も蘇州にありますよね。

三田村　はい。つい先日、あちらの霊巌山寺を訪ねたところでして。八女の霊巌寺では、毎年、周瑞禅師の遺徳をたたえる伝統行事「献茶祭」を開催しているのですが、今年は八女茶発祥６００年を記念して、蘇州まで奉納に行ってきました。

吉　泉　今年で60回を数える献茶祭で奉納した新茶を、さらに中国の霊巌山寺に奉納したわけです。

安部　それはすごい。茶の恩返しですね。

――八女地方に息づく豊かな歴史

三田村　そういう歴史的なつながりでいうと、古代の北部九州を代表する豪族、筑紫君磐井にまつわる話があります。

吉泉　時の天皇である継体大王に反乱を起こした、筑紫国の首長だった人物ですね。

三田村　その反乱を起こした相手、継体大王の遺跡が大阪の高槻市から出たんです。それを機にできた施設が今城塚古代歴史館で、その開館5周年記念の式典に呼ばれたのですよ。最初は「なぜ私が?」と思ったのですが、「継体大王と筑紫君磐井」という式典のテーマを知って、これは行かねばならぬと。ここから八女市と高槻市の交流が始まり、2020年には包括連携協定を結びました。

吉泉　八女市にある岩戸山古墳を築造した筑紫君磐井と、高槻市にある今城塚古墳に埋葬された継体大王。約1500年前の「磐井の乱」で戦った両者の不思議なつながりを感じます。

松延　この八女地方には、そういう豊かな古代の歴史がありますよね。

安部　素晴らしいところですよ。今話に出た「磐井の乱」と同様、日本書紀には八女の大伴部博麻（おおともべのはかま）も登場しています。

松延　八女上陽ゆかりの偉人として、北川内公園の頂上に碑が建てられています。

安部　６６３年の「白村江（はくすきのえ）の戦い」で唐の捕虜になったヤマト兵士。捕らえられ、連行された長安で、唐による日本侵略計画を知った博麻は、それを日本に伝えるために自らの身を奴隷として売って、その資金で仲間の遺唐使４人を日本に帰らせたといいます。そして、帰還した遺唐使らが唐の襲来情報を大宰府に伝えたことで、防衛強化を図ることができた。

　博麻自身が帰国したのは実に約30年後でしたが、このとき、持統天皇がその功績をたたえて勅語を贈ったわけです。一般個人としては、天皇から勅語を賜った日本歴史上唯一の人物です。

三田村　碑には「尊朝愛国」と記されていますが、この勅語は「愛国」という言葉の語源になったものと聞いています。郷土愛が強い八女人の元祖のような方かもしれませんね。

――伝統が育む八女の洗練された文化

安部　ほんとうに歴史的背景が豊かな地ですよ。南北朝時代を顧みても、八女は南朝方の人たちの拠点になっていたから、京都の公家文化がけっこう入ってきています。顕著なものとして、八女の方言に京都の言葉がいっぱい残っているでしょう？

松延　例えば、どんな言葉でしょうか。

安部　一つには、大変、非常にという意味合いの「ばさらか」。「ばさらか美しか」と言うじゃないですか。元は「ばさら」というサンスクリット語で、京都で流行った言葉なんです。あと、寂しい気持ちを表す「とぜんなか」もそう。漢字にすると、吉田兼好の徒然草の「徒然（とぜん）」ですが、これも南北朝時代にからむ公家文化の影響を受けた言葉です。

松延　「ばさらか」って、サンスクリット語なんですか。純粋な筑後弁だとばかり思っていました（笑）。

安部　そういう伝統がいっぱいあるから、僕はよく編集者を八女に案内するんですよ。そうすると皆さん、「やっぱり違いますね」とおっしゃる。文化とか、人々の生活習慣の度合いが非常に洗練されていると。

三田村　八女からは、安部先生のような直木賞作家が3人出ていますしね。この規模の市からすれば、確かにすごいことです。

安　部　ほかにも画家や評論家など、たくさん出ているでしょう。やっぱり豊かな歴史的背景があるからだと、僕は思いますね。

それと、八女はとにかく人がいい。例えば、何かの対立が起こった時に、相手が悪いと思う人と、自分が悪いと思う人に分かれるとしたら、八女の人たちは圧倒的に後者。実は、それが芸術を生む土壌でもあるんです。人を責めるタイプの人は、芸術家にはなれないものです。

三田村　なるほど。それはそうと、私はずっと安部先生に南北朝の歴史小説を書いてほしいとお願いしているんですけど、やはり難しいでしょうか。

安　部　よその地域の話であれば……。気持ちはあっても、ふるさとのことはやっぱり書きにくいものです。自分が生まれ育ったこの地の扱いは、それこそ八女茶の看板である玉露のように大事にしないと。

吉　泉　先生もまた、根っからまじめな八女人ですね（笑）。

――芸術品ともいうべき「八女伝統本玉露」

安　部　先ほど淹れていただいた玉露、あまりに美味しくて驚きました。あんなにクオリティの高いお茶は飲んだことがないです、本当に。八女でも飲んだことがない人はけっこういるんじゃないですか。

松　延　あの味は、私も初めてです。安部先生のご実家の近くで採れたお茶かもしれませんよ。山間部は玉露の生産が盛んなところですから。

吉　泉　お出ししたのは八女伝統本玉露で、全国茶品評会で入賞するレベルのお茶です。水色(すいしょく)は薄いようですが、口に含むと強いうま味が広がって、よく「出汁のようだ」と表現されます。これが、本来の〝覆い香〟という玉露が持つ甘い香りの一つの特徴になります。

八女伝統本玉露は非常に手間のかかる伝統的な手法で栽培しているので、希少なものなんですよ。八女茶全体の年間生産量が２０００トン弱のうち、玉露の生産量は45

会場で玉露を淹れて一服しました

茶

トンほどですが、ＧＩ（日本地理的表示）マークを付けられる八女伝統本玉露となると、その１割にも達しません。

三田村　それだけに、この味を守らなきゃいけない。守りたいのです。我々行政としても、精一杯の支援をしているところです。

松　延　伝統本玉露を作っている農家さんが抱えている問題は、まず一つには、資材の確保です。生産の要件となる被覆（遮光）に使う稲わらなどといった天然資材の入手が難しくなってきています。加えて、伝統技法である手摘みができる摘み手の高齢化。人材不足もあって、集めるのが大変なようです。

三田村　あと、稲わらを編んですまきにする機械も特殊です。以前、久留米工業大学に「同じ仕組みで作れませんか」と相談したことがあるんですけど、ずいぶん古くて特殊な機械だから、「どうにも難しい」と。

安　部　伺っていると、伝統本玉露はまさに芸術品ですね。以前、安土桃山時代の絵師・長谷川等伯の小説を書くときにいろんな取材をしたんですけど、この時代の〝道具〟はもはや再現ができないのです。ネズミの毛で作られた蒔絵（まきえ）筆、天然岩絵具の加工、使われていた紙……作る職人も技術も、現代には存在しない。伝統本玉露の話から、それを思い出しました。いわゆる日本の伝統文化、伝統技術が、合理化とともに失われていくのだという危機感を覚えます。

ただ、先ほども触れたように、八女には伝統を支える土壌があります。何事にも誠実で、決して手を抜かない――そういう気質が、手間暇をかけてお茶を作ることに向いているのでしょうし、それは、伝統本玉露という芸術品に表れていますよね。

吉　泉　天然資材や機械の確保、人材不足の問題、これらをクリアしていかないと承継はできませんから、業界関係者が一体となって支援を続けていきますが、究極はやはり人だと思っています。安部先生がおっしゃるように、熱心な生産者には欲得を超えた「いいお茶をつくりたいんだ」という強い思いがある。我々の使命は、その思いに応えるべくマーケットを広げ、国内外問わず高い付加価値を発信していくことです。

――最高峰茶葉が世界へ

三田村　八女伝統本玉露がＧＩ認定されたのは国が制度を設けた２０１５年で、日本の緑茶で初の登録となりました。これを一つの契機に、さらなるブランド力強化や海外展開に向けた新しい取り組みを行ってきたわけですが、それが今、少しずつ実を結び始めているところです。

吉泉　ニューヨークでレストランのシェフやジャーナリストを対象にした試飲会のPRイベントを開催したり、「水出し玉露」などの新しい飲み方を提案したり。そういったさまざまな活動を通じて誕生したのが、最高峰茶葉のみを使って抽出したボトリングティーです。八女茶発祥600年の記念事業の一つとして開発し、すでにアメリカ、香港、東南アジアなどにも渡っています。

松延　ワンボトルの上代価格が2万7000円というチャレンジングな商品です。

安部　フランスのワインに負けないような存在感が出れば、「すごいものが日本にある」と世界中から注目されて、そうなれば「私もそんなお茶をつくってみよう」という若い人たちも出てくる。そんな流れになるといいですよね。

吉泉　ブランド力を一層高めることで、「やってみたい」という意欲を持ってもらえれば、次の代につなぐ一つの道筋にもなるはずです。

安部　文化の発信も重要かと思います。何世紀にもわたって独自の文化を生み出してきた禅とお茶の関係は、切っても切り離せません。禅は諸外国でも非常に注目度の高い分野ですから、お茶と禅を組み合わせたようなプレゼンテーションも有望ではないでしょうか。先ほど、吉泉さんが急須で淹れてくださったスタイルも素敵でした。

吉　泉　そうですよね。お茶には日本の文化的なイメージが備わっているので、目に見えないニーズがあるのは確かです。だから、お茶自体を売るというより、日本文化をお茶に託して伝えるというのが正しいかなと思います。

――「八女」の伝統と文化を守り抜く

安　部　ちょっと話は変わりますが、僕は、これから八女のようなところで息づく価値観が大きな力を持ってくると思うのです。義理人情を大事にするというか、自然、調和を重んじる中世的な価値観が。そして倫理観も含めてね。

八女を出たのは15歳のときでしたが、高度経済成長に向けて突き進む社会を目の当たりにして、「この国はだめになる」と思ったものです。そう感じたのは、中世的な価値観が生活のなかにそのまま生きていた八女で育ったからでしょう。果たして、日本は過疎化や少子高齢化などという窮地に陥ってしまった。この先、それを是正するのは、八女のような地方が鍵を握っていると考えています。

三田村　２０７０年には日本の総人口が８７００万人となり、このうち外国人が1割を占めると推計されています。都市圏などは、ずいぶん様変わりするのではないでしょうか。安部先生が言われるように、地方の伝統や文化を守っていくというのは、極めて大事なことですね。

吉　泉　お茶が基幹ではありますが、八女ではイチゴやブドウ、みかん、電照菊などといった多様な農産物が生産されていますし、さらには、提灯（ちょうちん）や手すき和紙などの伝統工芸品も根づいています。「八女」という名を国内外に広く伝えていきたいですね。産業、地域全体の振興を図るために。

八女伝統本玉露はフレンチの帝王といわれたジョエル・ロブション氏、そしてアロマのスペシャリストでソムリエのフランソワ・シャルティエ氏から「世界に紹介しなければならない商品である」と言っていただきました。八女伝統本玉露を日本緑茶のトップブランドにすることで、八女茶はもちろん八女市の観光振興に貢献できればと考えています。

松　延　八女茶発祥６００年という大きな節目を迎えて、今、私たちは試されている

のかもしれません。次代につなぐシナリオを、どう組み立てていくか。私としては、さらなる高品質のお茶を生産できるよう、そして紡いでいけるよう、最大限努力していかなければと思っています。この６００年を大々的にＰＲして八女の知名度を上げ、次の７００年に向けて頑張っていきましょう。

三田村　皆さん、本日はありがとうございました。あらためて、力が湧いてきました。

第一章
八女茶のいま

八女茶とは

全国的にも高く評価される銘茶

八女茶とは主に福岡県内で作られたお茶の統一ブランド名で、主な生産地は県南地域の八女市、筑後市、みやま市、広川町、うきは市などに広がっています。福岡県南部に広がる九州最大の筑後平野は、農産物の栽培に理想的な気候風土にあり、特に八女地方は、古来よりお茶の栽培が盛んに行われてきた土地柄です。一級河川・筑後川と矢部川流域は筑後平野南部に位置し、肥沃な土壌と豊富な伏流水に恵まれています。日中は気温が高く、しかも夜間は冷え込む特有の内陸性気候に加え、降雨量も多く、茶栽培に適した自然条件を満たしています。

こうした気候と土壌を生かし、さらに伝統ある技法を用いて丹念に栽培・製造され

る八女茶は、八女地方の代表的特産品の一つであり、味・香り・色の3点を兼ね備えた銘茶として全国的にも高く評価されています。

令和3年度の調べによると、全国の茶栽培面積は3万8000ヘクタールで、福岡県は1520ヘクタール。また、全国の荒茶生産量は7万8100トンで、福岡県は1650トン[※1]となっています。

福岡県は茶栽培面積全国5位、荒茶生産量全国6位の位置づけにあり、シェアは小さくとも、実は古くからの主産地の一つなのです。

お茶の主産地にはそれぞれ特徴がありますが、福岡県は煎茶、玉露とかぶせ茶の生産に強みを持っています。

現在の八女茶の茶生産農家数は約2000戸[※1]を数え、平坦部では煎茶、かぶせ茶、山間部では玉露が多く生産されています。

（※1　農林水産省「作物統計」より）

主なブランド茶産地マップ

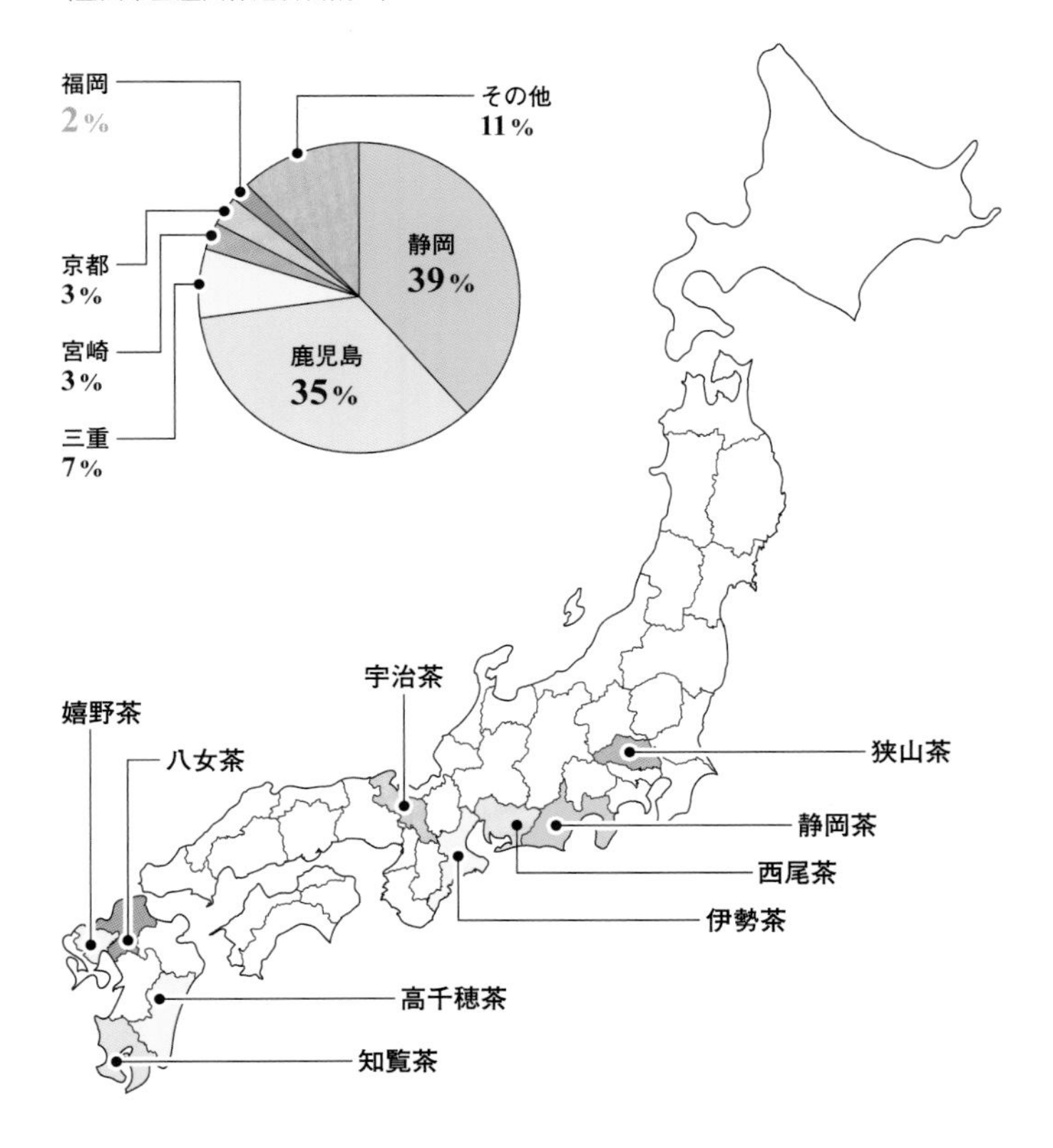

八女茶の種類と特徴

まず、八女茶の代表的な種類と特徴を紹介します。

【煎茶】自然光下で栽培し、摘み採った新芽を蒸して揉み、乾燥して製造したもの。さわやかな香りとうま味・渋味が調和し、緑茶のなかで最もよく飲まれている代表的なお茶。上級品ほどうま味や香りがある。

【玉露】稲わらや寒冷紗などで収穫前16日以上20日間前後の棚被覆を行い、日光を遮って栽培した茶葉を煎茶と同様に製造したもの。うま味の素となるアミノ酸の含有量が多く、逆に、渋味の素となるタンニンなどが少なく、うま味が豊富なコクのある味わいに特徴がある。

【てん茶（抹茶）】玉露と同様に、被覆資材を用いて栽培した茶葉を蒸し、揉まないで乾燥させたもの。てん茶を茶臼などで微粉末状に製造したものが「抹茶」で、香りや味わいが深いのが特徴。飲料や菓子、アイスクリームの原料としても使われている。

煎茶
玉露
てん茶
抹茶

【かぶせ茶】わらや寒冷紗（かんれいしゃ）などで収穫前7日以上の被覆栽培を行い、煎茶と同様に製造したもの。玉露と栽培方法は似ているが、被覆をする期間が短い。玉露と煎茶の間に位置し、玉露のような香りとうま味、煎茶のさわやかさを両方楽しめる。

量より質を求めて

八女茶の特徴は、新芽の数を少なくして葉を大きくしっかり育てる芽重型（がじゅうがた）の栽培方法を採用していることです。このため、八女茶の収穫は、ほとんどが二番茶までしか摘み採りません。

お茶の品質や味は、葉を摘む時期によって差がでます。若く柔らかいうちに摘んだものが一番茶（新茶）で、これ以後は摘採の順に二番茶、三番茶と呼びます。一番茶は長い休眠状態を経て萌芽するのでアミノ酸類の含有量が十分に高まりうま味感が増加します。

芽重型で芽を育てたお茶は、強いうま味とコクを味わえます。他産地の緑茶に比べて味が濃厚であること、苦渋味が少ないことが八女茶の最大の特徴です。

福岡県の荒茶生産量が栽培面積の割に少ないのは、こうした量より質を重視した芽重型の栽培や、その摘採回数が少ないことによるものです。

茶栽培に適した「冷涼多雨」の地

お茶の品質は生産地の気象条件や土壌条件から大きな影響を受けます。茶樹は温暖で湿潤な地域で育てやすい植物のため、特に気温と降水量に左右されやすい性質を持っています。

気象条件としては、年間の平均気温が14～16℃くらいであること。年間降水量が1300ミリメートル以上で、生育期間にあたる4月から9月までは1000ミリメートル以上が目安となります。

八女地方の気象は、日中の気温が高く、夜間は冷え込む内陸性気候で、矢部川流域の山あいでは朝、夕に霧が多く立ちこめます。加えて、年間1600～2400ミリメートルと降水量も多く、いわば「冷涼多雨」。高級煎茶や玉露、かぶせ茶などの栽培には、非常に適した環境にあります。

昔から山間地で育ったお茶はおいしいとされていますが、実際、銘茶の産地といわれる地域は、八女地方のような川沿いの山間地に多く、朝夕に濃い霧がかかるところが多いようです。

なぜ、山間地のお茶はおいしいのでしょうか。

山間地は、平地に比べると日照時間が短く、気温も低く、さらに昼夜の温度差が大きいのが特徴です。そのため新芽の成長が遅く、摘み採る時期も遅れますが、新芽がゆっくりと伸びるので、うま味成分が長く保たれるのです

また、周囲の木々が茶畑に自然な日陰を作ることによって、カテキン類が少なく、アミノ酸類は多くなる傾向があります。つまり、苦味や渋味が控えめで、うま味や甘味が多く含まれた茶葉に育つというわけです。

強みは土壌の多様性

お茶の栽培には、土壌条件が大きくかかわってきます。適した土壌は、粘土と砂質土に有機物が混じり合い、深く耕せる厚い土層があること。茶樹の根の伸長には、土壌の深さが最低でも60センチメートル程度必要で、1メートル以上が理想です。

また、茶樹の生育は土壌水分に影響されやすく、水分が多すぎても少なすぎても根の生育にはよくないため、排水性も重要です。なお、ほかの植物と異なり酸性を好み、pH4・5～5・5の酸性土壌に適していることがユニークな特徴です。

八女地方では、矢部川流域の広い範囲でお茶が栽培されていますが、土壌も沖積層、洪積層、安山岩、結晶片岩まで実に多様であることが強みでもあります。

このような恵まれた環境に加え、それぞれの地域や生産者が土壌に適した肥料を研究し、栽培体系に工夫を重ねてきたことが、今日の八女茶の品質向上につながっています。

偏西風と暖流のめぐみ

さらに、地勢によってもたらされるものがあります。

八女市、筑後市、広川町一帯（八女地域）は九州山地の最北部に位置し、山間部特有の冷涼な気象条件に加え、偏西風や黒潮など、東シナ海や有明海の温暖な気象の影響も受けています。この２つの条件から気温の格差や多雨がもたらされ、高級茶生産には欠かせない大きな要素となっています。

また、八女の土壌は肥沃で、母岩は安山岩、結晶片岩が多く分布しており、平坦部にかけては沖積層、堆積層が広がっています。このような気象と土壌条件から、甘味とコクのある良質な八女茶が生産されているのです。

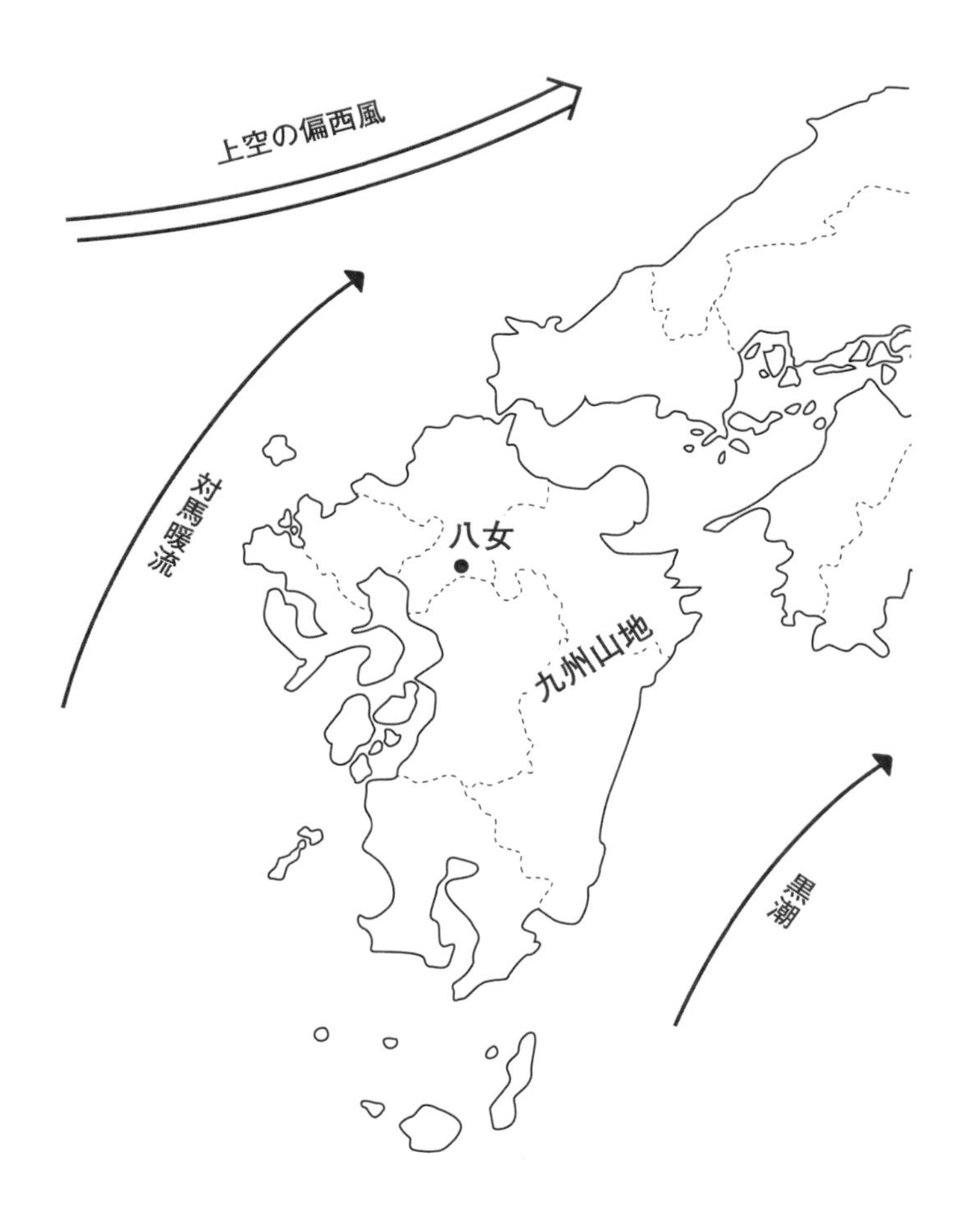
上空の偏西風
対馬暖流
八女
九州山地
黒潮

日本最高峰「八女伝統本玉露」

究極の味わいを生み出す伝統技術

濃厚な滋味、「覆い香」と呼ばれる青海苔のような特有の香り、そして、艶のある鮮緑色——このような玉露の特徴は、被覆栽培という茶樹に覆いをかける栽培法によって生まれます。

被覆栽培の第一の目的は、お茶の品質を高めることにあります。遮光することで、葉のアミノ酸類、特にうま味に関係するテアニンが増加します。

そもそも玉露の栽培には手間と時間がかかります。その栽培過程において、昔ながらの技法を用い、さらに丹念に手間をかけ作られるのが「八女伝統本玉露」です。

八女伝統本玉露の茶葉。
細く長く針のように撚
られ１本になる

八女伝統本玉露には厳格な生産条件が必須とされます。とりわけ大きな特徴である栽培要件には、次の3点があります。

❶ 自然仕立て栽培

自然仕立てとは、茶樹の枝を自然に伸ばす仕立て法のことで、剪定（せんてい）を行うのは収穫後の1回のみ。こうすることで茶樹本来の力が生かされ、芽の一つひとつに十分な養分が送られます。

❷ 天然資材を用いた被覆栽培

茶樹を直接覆わずに、棚を用いる被覆栽培。八女伝統本玉露の場合は、稲わらなどで編んだ天然資材を用います。これにより、被覆内の温湿度が芽の生育に最も適した条件となります。

❸ 手摘みによる収穫

昔ながらの「しごき摘み」で、新芽の柔らかい部分だけをていねいに収穫。二番茶は摘まず、1年分の養分を一番茶だけに集中させます。

ほかにも定められた生産条件があり、八女茶の流通拠点であるＪＡ全農ふくれん茶取引センターに上場され、共販されるものを「八女伝統本玉露」としています。

このように手間と時間をかけて作られるからこそ、八女伝統本玉露は日本最高峰の玉露としてその地位を認められているのです。

高い評価を裏付ける品質へのこだわり

八女地域の玉露は、古くから山間地域を中心に栽培されてきたため、他産地に比べると生産量が少なく、全国的な知名度が高まらない状態が続きました。産地として存在感を示すためにも、他産地を圧倒するような高品質の玉露を生産しなければならないという背景があったのです。

１９７０年代半ば以降、ほかの玉露産地では機械化を推し進め、効率的な生産体制をとるようになりますが、八女はそうした動きとは一線を画し、品質へのこだわりと伝統的な技法を守り続けることで差別化を図ってきました。

全国の生産者がお茶の出来ばえを競う「全国茶品評会」で毎年、農林水産大臣賞を受賞するようになったのは、こうした取り組みによるものです。

玉露部門における最高峰・農林水産大臣賞を初受賞するのは１９６７年。特に平成に入ってからは、毎年のように同賞や、入賞した玉露が一番多い産地に贈られる産地賞を受賞しており、名実ともに八女に伝統本玉露ありとの高い評価を獲ています。

日本茶で初のＧＩ登録

２０１５年、八女伝統本玉露はＧＩ（地理的表示）保護制度の第5号として登録されました。

全国に流通する農産品や食品のなかには、「神戸ビーフ」や「夕張メロン」のように、地域の風土に根づく独自の環境や、古くから伝わる製法によって作られる唯一無二の個性を持つものがあります。ＧＩはそれらを知的財産として保護する制度として創設され、八女伝統本玉露の登録は、日本茶で全国初となる栄誉あるものです。

立地条件や伝統的な栽培方法、高い加工技術と組み合わせて作られていること、ま

「八女伝統本玉露」の条件

1. 自然仕立て（かまぼこ型でない）の茶園
2. 肥培管理が十分行われた茶園とする
3. 被覆は棚掛けの間接とし、稲わらを使った資材とする
4. 被覆の期間は16日以上とする
5. 遮光率95パーセント以上
6. 摘採は手摘みとする
7. 茶葉が硬化しないよう、適期に摘採する
8. 生葉（なまは）管理に注意し、欠陥なく製造されたものとする

た、長年にわたって、全国茶品評会などで高く評価されてきたことがＧＩの認定につながったのです。

登録に向けての活動は、八女伝統本玉露推進協議会が推し進めてきました。生産者、茶商、行政により構成されています。

あまりにも手間や経費がかかることから、八女伝統本玉露に携わる茶農家は減少傾向にあります。ＧＩ登録前から「八女伝統本玉露を守り抜く」ことへの危機感がありました。このことから、生産・流通・行政が一体となって、ブランド化を推進してきたものです。

また、ＧＩ登録後も、さらなるブランド力向上を図るため、徹底した品質管理を行っています。

ＪＡ全農ふくれん茶取引センターに上場された八女伝統本玉露のうち、ＧＩマークを付けられるのは、最高級で希少価値があると認められた製品だけ。内部規定では、入札でのキログラム単価に基準を設けています。それほど、ＧＩマーク付きの八女伝統本玉露は、産地全体で責任を持って消費者へと届けられているのです。

さらに、八女伝統本玉露が八女全体のブランド化を牽引する〝看板〟として先頭に

GIマーク
農林水産省が認定し
交付するロゴタイプ

立ったことで、海外を視野に入れた新たな取り組みがすでに始まっており、ブランド力強化のために臨んだＧＩ登録は、次なる挑戦への大きな足掛かりとなっています。

ひと手間で極上の風味

美味しく淹れる

How to brew a delicious cup.

煎茶

用意するもの

茶葉……………人数×2～3g
急須
湯飲み茶碗
お湯…………70～90℃程度

さわやかな香りに加えてうま味・甘味・渋味があるのが煎茶の特徴です。お湯の温度は上級煎茶で70℃、中級煎茶で80～90℃が適しています。

淹れ方

❶ しっかり沸騰させた湯を茶碗8分目まで注ぎ、冷ます（または、湯冷ましで冷ます）。茶葉を急須に入れる（1人分で2～3gが目安）

❷ 冷ました湯を急須に注ぎ、1分ほど（深蒸し茶の場合は約30秒）おいて、茶が浸出するのを待つ

❸ 少量ずつ茶碗に注ぐ。数人分を用意するときは、同じ濃さになるように廻し注ぎをする

❹ 最後の一滴までしっかり注ぎ切る

※急須に湯が残っていると、茶の成分が浸出し、二煎目、三煎目の味が落ちる
※二煎目、三煎目は湯を入れてから15秒ほど待つ

玉露

用意するもの

茶葉……人数×3〜5g
急須
湯冷まし
小ぶりの茶碗
お湯……50〜60℃程度

玉露がもつ特有のうま味を楽しむには、低温のお湯でじっくりと時間をかけて、テアニン（うま味成分であるアミノ酸の一種）を浸出させるのがポイントです。

淹れ方

❶ しっかり沸騰させた湯を、急須または湯冷ましに入れて冷ます。上茶の場合は50℃、並茶の場合は60℃くらいが目安
❷ 冷ました湯を玉露用の小ぶりの茶碗に7分目（約20㎖）ほど注ぐ。残った湯は捨てる
❸ 茶葉を急須に入れる。1人分で3〜5gが目安
❹ 冷ました湯を急須に注ぎ、2〜3分おく
❺ 茶碗に廻し注ぎをして、最後まで注ぎ切る。おいしく味わえる温度は35〜40℃くらい

※二煎目は、冷ました湯を入れて30秒ほど待つ

少量を口に含むと出汁のような濃いうま味を感じる

玉露しずく茶

用意するもの

茶葉……………………3〜4g
蓋付き茶碗
お湯……………………60〜80℃程度
岩塩、酢醤油など

八女伝統本玉露のおいしさを最大限に引き出すために、煎茶道のすすり茶をもとに考案された「しずく茶」。蓋付きの茶碗を使い、温度を変えながら一煎目から四煎目まで楽しむことができます。

淹れ方

❶ 茶碗に茶葉（茶さじ山盛り1杯程度）を山型に盛る

❷ 一煎目。体温程度に冷ました湯20㎖を茶葉の周りから静かに注ぎ、蓋をして2分ほど待つ。飲むときは、蓋をずらしながら隙間から「しずく」をすする

❸ 二煎目、三煎目。茶葉の上から約60℃の湯20㎖を注ぎ、15〜20秒ほど待ち、一煎目と同じように「しずく」をすする

❹ 四煎目。約80℃の湯をたっぷり注ぎ、15秒ほど待つ。蓋をせずにいただく

※最後に残った茶葉は、酢醤油やだし醤油、または岩塩などをかけて丸ごといただく

最後は茶葉に塩や酢醤
油をつけていただく

水出し茶

用意するもの

茶葉……………20〜25g
広口のポット
水

急須で淹れるだけがお茶の楽しみ方ではありません。「水出し」とはお湯ではなく、最初から水で淹れる低温抽出法です。水出し茶は苦味、渋味が出にくく、水色の落ちが少ないのが特徴で、茶葉本来のまろやかなうま味や甘味を味わうことができます。

淹れ方

❶ 十分に沸騰させた湯を冷ましておく。浄水器の水やミネラルウォーター（軟水）も可

❷ ポット（またはティーサーバー、ワインボトル型のフィルターインボトルなど）に茶葉20〜25gを入れ、水750mℓほどを注ぐ

❸ 冷蔵庫で2時間ほどかけてゆっくり抽出する

※茶のうま味がボトルの底に沈澱するので、飲む前によくまぜる
※水出しした茶をレンジで温めれば、急須がなくても本格的なお茶を楽しめる

スパークリング茶

用意するもの

茶葉
炭酸水／炭酸水メーカー
水

スパークリング茶は、レストランなどでアルコールを飲まない時、シャンパンのように楽しめるよう考案されたものです。炭酸と合わせた茶はさっぱりとした喉越しで、特に暑い夏にはぴったりのドリンク。また、フルーツとの相性も非常によく、お茶の炭酸が自然の果物の甘さを引き立ててくれます。

淹れ方1

2倍程度の濃度で水出しした冷たい茶と炭酸水を1対1の割合でグラスに注ぐ

※材料の目安としては、煎茶3gに対して水50㎖、炭酸水50㎖

淹れ方2

水に茶葉を入れて、1時間ほど冷蔵庫で抽出した冷茶を炭酸注入ボトルに入れてガスを注入する。ガスがおさまるまで1分30秒ほど待つ

※材料の目安としては、茶4gに対して水180㎖

撮影：山下亮一

第二章
高品質のお茶づくり

栽培ごよみ

1年を通じて茶畑と向き合う

春になると、茶樹は長い「休眠」から覚めて、新芽の萌芽が始まります。お茶を摘む時期が早い早生種（わせしゅ）は3月下旬頃、時期が遅い晩生種（ばんせいしゅ）は4月初旬から萌芽が始まり、およそ2週間をかけて新葉を開いていきます。

茶摘みの光景を歌った「夏も近づく八十八夜」というのは、立春から数えて88日目の5月初旬にあたり、新葉の摘採はまさに最盛期を迎えています。

そして、7月にかけて茶樹は成長を続け、一番茶摘採から約1ヵ月半で二番茶の摘採となります。

摘み採りの時期には、生産農家は摘んだ生葉（なまは）を荒茶（葉、茎、粉が混じったお茶の原料となる精製途中のもの）にする一次加工までを担い、茶畑での収穫、工場での加工と、最盛期は文字どおりフル稼働による生産体制となります。

お茶づくりというと、こうした収穫シーズンは想像しやすいでしょうが、実際には、このほかの時期にもたくさんの仕事があるのです。

茶樹の手入れ、病害虫の防除など、それぞれ時季に応じた仕事が控えており、また、一番茶、二番茶の摘み採りが終われば、次の春の新芽のために土壌づくりを行わなければなりません。「よい芽が出るように」、何度も肥料をまいて耕したり、消毒をしたり、畝の深耕をしたりして、茶畑の手入れには余念がありません。

生産者は1年を通じ、日々茶畑と向き合っているのです。

そして、その苦労やこだわりは、作るお茶や生産者によってもさまざま。毎年異なる気象条件、気象災害との闘いでもあります。

八女の茶園では、試行錯誤を重ねながら、お茶の葉一枚一枚に思いを込めたお茶づくりが行われているのです。

ここからは、茶の生産において重要な点を紹介します。

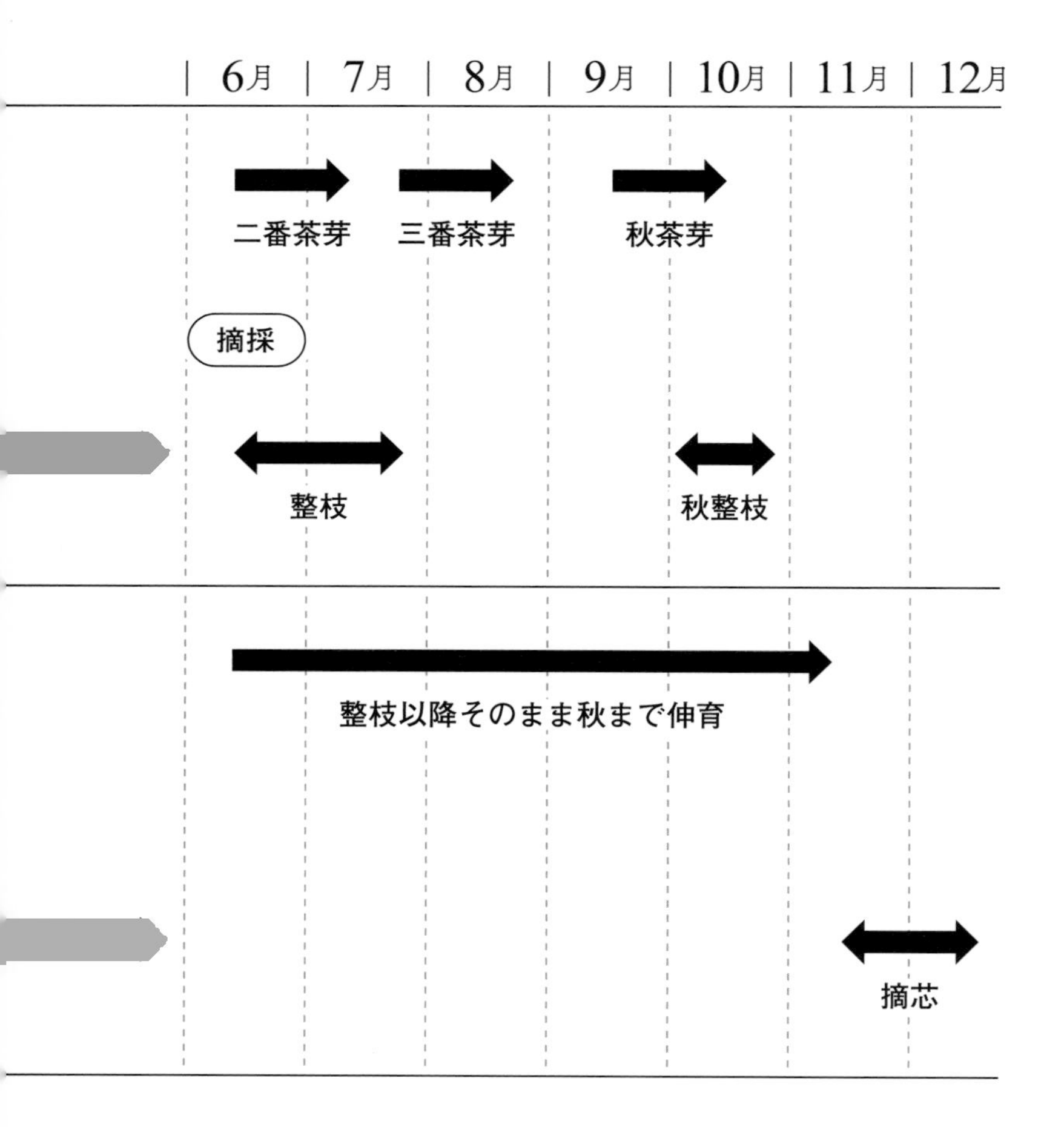
6月
7月
8月
9月
10月
11月
12月
二番茶芽
三番茶芽
秋茶芽
摘採
整枝
秋整枝
整枝以降そのまま秋まで伸育
摘芯

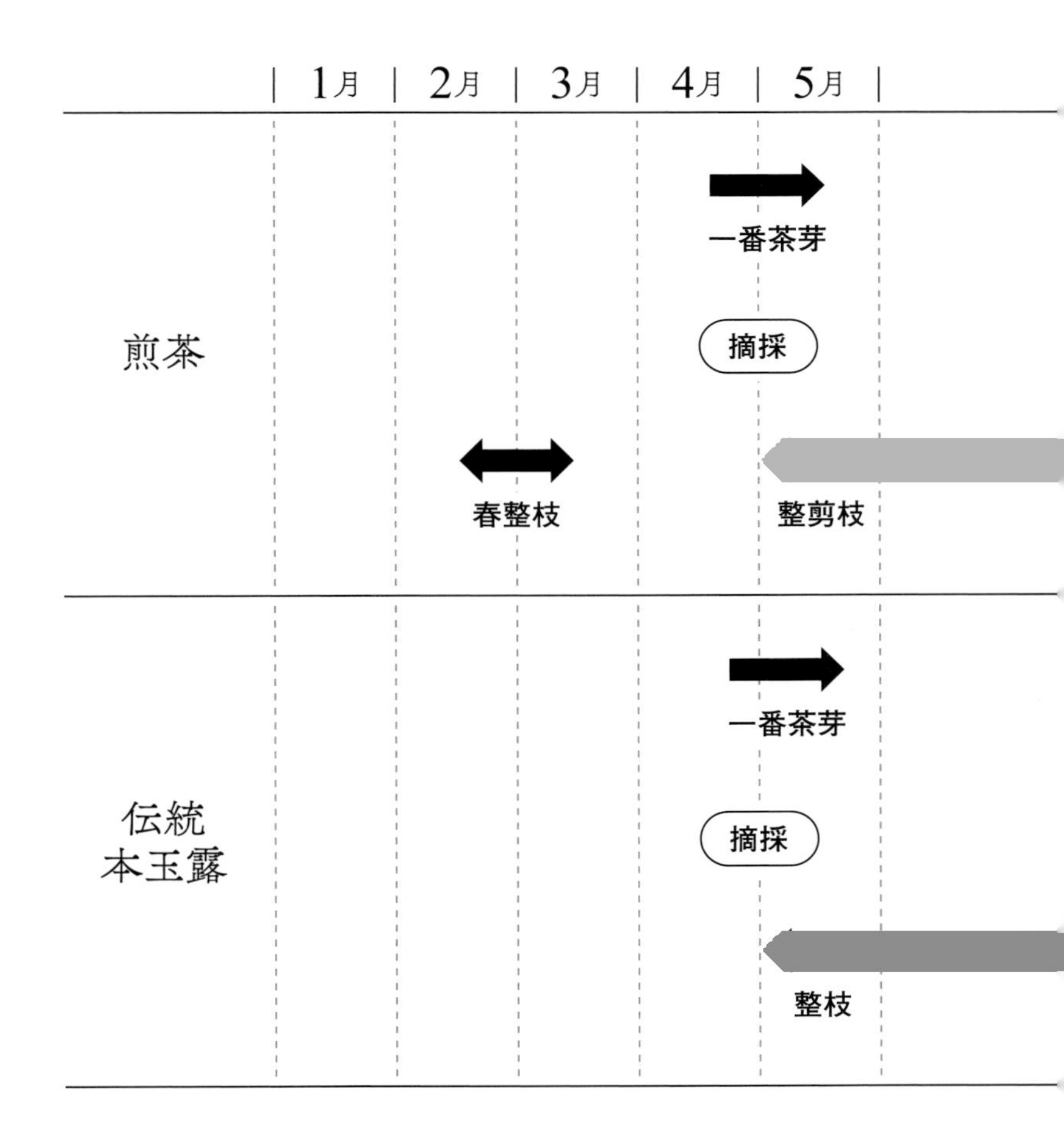
1月
2月
3月
4月
5月
煎茶
一番茶芽
摘採
春整枝
整剪枝
伝統
本玉露
一番茶芽
摘採
整枝

覆い

茶樹に覆いをかけて「被覆栽培」するお茶には、玉露やてん茶、かぶせ茶があります。玉露は高級茶、てん茶は抹茶の原料となるお茶で、いずれも鮮やかな緑色と濃厚な滋味、香りが命の上級茶です。

被覆栽培では茶園全体に棚を作って覆いをし、遮光した中で葉を開かせます。覆いに使うのは、稲わらで編んだ「こも」と呼ばれるものや、化学繊維のネット。被覆を始めてから20日後くらいが、お茶の葉を摘むのにちょうどよい時期となります。

そして、最高峰の八女伝統本玉露については、同じ被覆栽培であっても「被覆素材は天然素材のみ」「遮光率は95パーセント以上」「被覆期間は16日以上」などの生産条件が定められており、玉露と区別して付加価値を高めています。

被覆栽培のお茶は露地栽培のものと比べてうま味や甘味が強く、苦味や渋味は軽くなります。また、わずかな光を有効活用するため、クロロフィルが増えて葉の緑色が濃くなります。これらは、被覆栽培による賜物なのです。

こもで被覆した八女伝統
本玉露の茶畑（上）／
稲わらで編んだこもの拡
大部分（下）

摘採

お茶の葉を摘み採ることを「摘採」といいます。主に次のような方法で行います。
【手摘み】　玉露、てん茶のような自然仕立ての茶園や、品評会に出品する高級茶を作るときに行う。生葉の品質は手摘みが最高だが、最も手間がかかる。
【2人用可搬型摘採機】　傾斜地や小規模茶園で普及している摘採機。茶畝を挟んで2人で機械を持ち、畝の間を歩きながら摘採する。
【乗用型摘採機】　乗用式の摘採機で高価ながら、労働負担が軽く、1人で10アールの茶園を60分程度で摘み終える高能率の茶摘み。
八女伝統本玉露の場合は、「摘採は手摘みであること」という生産条件があり、なかでも品評会に出品するものについては、「一芯二葉」摘みが行われます。茶の葉が4~5枚開いた頃に、最も養分を含む上部の2枚だけを手で摘む極上の摘み方です。柔らかい葉だけを摘むのはとても手間のかかる作業で、熟練者でも1時間に両手のひらほどしか摘めないという、とても希少なものです。

伝統本玉露の手摘み。「一芯二葉」摘みは手間のかかる作業

整枝・剪定

茶樹の表面を刈る作業には、大きく2つあります。一つは、茶の株面をきれいに整える「整枝（せいし）」。もう一つは「剪枝（せんし）」といって、茶樹の高さを低く切り下げる作業です。

整枝は、新芽を摘み採るときに古い葉や茎を一緒に刈ってしまわないよう株面をそろえて、新芽が一斉に伸びるように整える作業で、これには、茶樹の生育が止まる10月頃に行う秋整枝と、茶樹の活動が始まる前の2月〜3月に行う春整枝があります。

何年も収穫を繰り返した茶樹は枝の数は増えますが、しだいに新芽や枝はやせて、お茶の品質も低下します。そこで茶樹が低くなるよう剪定し、枝数を減らして勢いのいい芽が出るようにします。

茶樹の形には、「弧状型」「水平型」などがありますが、玉露やてん茶の茶園で見られる枝を自然に伸ばした「自然仕立て」もまた特徴的です。一口に剪定といっても、作るお茶、茶摘みの方法に合わせて、さまざまな工夫がされています。

２人用可搬型摘採機による茶摘み（上）／伝統本玉露の茶園にみられる「自然仕立て」（下）

全国茶品評会

八女茶の評価は

茶の品質を競う茶品評会は、各地域や県ごと、さらに全国で毎年開催されています。明治、大正、昭和と、時代を通してその名称の違いはあっても、同様に開催されてきました。

全国茶品評会は、全国の生産者が栽培した茶葉の出来ばえを競うもので、国の農林水産祭り参加行事として天皇杯にまでつながります。

現在の審査部門は「普通煎茶」（10kg、４kgの２部門）「深蒸し煎茶」「かぶせ茶」「玉露」「てん茶」「蒸し製玉緑茶」「釜炒り茶」の８つ。その年の春に摘まれたお茶の葉を荒茶にして、艶などの見た目、湯で浸出したときの色、香り、そして味などで審査し、順位が決められます。

品評会としての最高賞は「農林水産大臣賞」、2位は「農林水産省生産局長賞」。また他に、チーム戦にあたる「産地賞」などが授与されます。

八女茶発祥600年という記念の年である2023年は、18年ぶりに福岡県で審査が行われ、八女茶は玉露の部で農林水産大臣賞を受賞、そして産地賞優勝。産地賞優勝は23年連続の受賞となりました。

また、煎茶4kgの部で産地賞2位（令和3・4年は1位）、てん茶の部で産地賞2位、かぶせ茶の部で産地賞3位という成績で玉露以外でも日本最高水準であることが実証されました。

八女茶生産者は、高級茶の生産を目指して日夜、栽培に取り組んでおり、各種品評会にも出品しています。

匠が語る伝統本玉露

八女には、多くの茶品評会受賞者がいます。
ここでは、「八女伝統本玉露」の生産、品評会への出品で日本一を獲得した4名の生産者と、
互角の受賞歴のある八女茶手揉み達人にお話を伺います。

まず茶畑に集合してくださったのは
宮原義昭氏、久間正大氏、城昌史氏。
茶栽培、ことに伝統本玉露づくりの魅力をお聞きしました。

（2022年10月収録）

匠が語る その❶

一等一席の夢を追いかけて

手間のかかる究極のお茶づくり

——皆さんは、玉露のなかでも特に難しい「八女伝統本玉露」を作られています。あらためて、その作り方や特徴を教えてください。

宮原 八女伝統本玉露は日射量の少ない山間の畑で、あえて茶樹の枝を剪定しない「自然仕立て」の茶園で栽培されます。よく見かける、きれいに刈りそろえられた〝かまぼこ型〟の茶園とは、全然風景が違うと思いますよ。

そして、天然資材を用いた被覆栽培をするんです。新芽が1葉出たら、稲わらで編んだ「すまき」で畑全体を遮光するんですけど、そうすることで芽がゆっくりと育って、特有の〝覆い香〟が生まれるのです。伝統本玉露の条件としては、状態を見なが

宮原義昭

Yoshiaki Miyabara

宮原茶園（八女市星野村）

八女市星野村生まれ。全国茶品評会・玉露の部で３度（第57回・第68回・第70回）日本一を受賞した日本有数の生産者。「茶を育てるのは『天地人』」とし、昔ながらの伝統技法で最高級の玉露を作り続けている。

久間正大

Masahiro Kuma

おぼろ夢茶房（八女市上陽町）

八女市上陽町生まれ。３代目として、玉露のみならず煎茶や紅茶も扱い、茶葉の加工、仕上げ、販売までを担う。２０１４年から玉露を作り始め、わずか3年後に全国茶品評会・玉露の部で満点を獲得、日本一を受賞した。

城 昌史

Masafumi Joe

新枝折製茶（八女市黒木町）

八女市黒木町生まれ。福岡県の品評会では1位を5回獲得。２０２０年までは別の仕事との兼業だったが、専業で生きる覚悟を決めたタイミングで、全国茶品評会・玉露の部、日本一に輝く。14回目のチャレンジだった。

ら16日以上被覆しなければなりません。

久間　それも、新芽の伸びに合わせて遮光率を高めていくので、労力がかかるんです。すまきの上に、さらに稲わらを載せて遮光する「振りわら」をし、最終的に日光の98％を遮るようにしてうま味を最大に引き出します。

宮原　葉が4～5枚開いた頃が摘み採りのタイミングで、機械ではなく手摘みをします。摘み採るのは、一つの芽に対して上部の2～3枚だけ。指の腹で折れるまで静かにゆっくりと曲げていき、折れたらていねいに摘み採ります。

——大変な手間がかかって、生産量もわずかという稀少な八女伝統本玉露づくりに、なぜ挑んでいるのでしょう。

宮原　うちの畑は小さいんですけどね、とにかく土がいい。ここでていねいに育てれば、おいしい玉露ができるんです。ここでしかできないという使命感というか……。

どの作業にもひと手間を加えることが大切ですが、私はことさら土づくりにこだわっています。栽培ごよみを基本にしながら施肥量を調整したり、茶園には麦わらや、山から切ってきたカヤを敷いて土を柔らかくしたり、その年に適した土で茶樹を育て

城 昌史氏の伝統本玉露の茶園

るようにしています。ただ、もう歳なんで（笑）。本当はもっと手入れしないといけないのですが。

城　私は2代目なんですけど、もともと父親はミカンを栽培していたんです。その畑を茶畑に変えて、伝統本玉露もやるようになったのですが、うちの畑がある黒木町は玉露に向かないとされて、父親があきらめかけた。で、「待った」と（笑）。

久間　宮原さんの畑がある星野村で育つもののほうが、茶葉が薄く、玉露生産に適しているといわれますからね。

城　負けないぞという気持ちから、試行錯誤を重ねました。稲わらをかけて覆いをするタイミング、茶摘みのタイミング……黒木町には教えてもらえる人がいなかったので、本を読んだりしながらの独学でした。それだけに、全国の品評会で日本一を受賞したとき、最初は信じられなかった。震えましたね。

久間　僕は3代目で、上陽町でお茶の生産を始めてから20年ぐらいになりますが、当初は煎茶を作っていて、玉露の栽培はなかったんですよ。隣の星野村に比べると平坦地に近く煎茶の生産が盛んで、それなりに高い評価を得てきたんですけど、やっぱり八女は、玉露の産地として有名でしょう。目指すなら「一番のなかの一番」になりたくて、一部の畑で玉露を作り始めたのです。

城　それが、わずか3年後に日本一に輝いた。

久間　僕も試行錯誤の連続でした。全国茶品評会で満点を取れたのは、家族や上陽町の生産者が協力してくれたおかげ。それまで一番になったことがなかったので、むしろこれを機に、常に挑戦者の気持ちでいられるようになりました。

自然と向き合いながらの一発勝負

——毎年大変なご苦労があるかと思いますが、なかでも難しい、厳しいと思われるのはどのような点ですか？

宮原　長くやればやるほど感じるのは、自然相手ということでしょうか。最後は気候しだい、自分では毎年同じような作業をしている感覚はないんです。自然があってお茶があると。気候の肌感としては、一頃と比べて10日くらいズレが出てきているような気がしますね。お茶の生育具合も含めて。

城　本当に自然相手ですからね。以前、寒さで畑の半分がだめになったことがありました。そんなときは、やる気も失せてしまうのですが、でも、手摘みのために30人ほど雇っているので、摘まないわけにはいかない。「摘む時期が読めない」のは頭が痛いです。

久間　次に摘めるのは1年後。常に一発勝負なんですよね。時間を巻き戻すこともできないし……。ただ、体がきついとか、先が読めなくて困るとか、宮原さんが続けていらっしゃる限り、僕たちは言えないです。

宮原　あと2年で80歳ですから（笑）。八女伝統本玉露の現場では、おそらく自分が一番年上かと思います。長年やってきましたが、結局、なるようにしかならないわけで、過去と比べてもあまり意味がないんですよ。

城　春先になるとお天気が気になってしょうがないですよね。摘採日あたりは特に。天気予報をチェックするのは1日何回っていう数じゃなく、1時間とか2時間おきぐらいに見ないと……コロコロ変わりますから。

久間　機械摘みなら僕たちが作業を中断すればいい話ですが、伝統本玉露は手摘みだから、天気によっては、確保している摘み手さんたちに中止を伝えなきゃいけない。

城　雨が降ると、乾くまでに時間がかかってしまうから、摘むのは中2日くらい

玉露茶園の新芽

空ける必要がありますからね。濡れたら品質にも大きく影響しますし、できるだけ天気がいいときに摘みたい。

宮原　乾かすために風なんか当てられませんし。摘み手さんの人数がたくさん必要なところは大変でしょう。うちは25人程度で、２日間くらいで終えられる規模ですが。

城　うちは30～40人いないと厳しいので、やっぱり頭が痛いです。ただ、摘み手さんたちもベテランですから、お天気のことはよくわかっていらっしゃる。逆に「摘むのは明日のほうがいい」と言ってくださることもあって、助けてもらっています。

――摘み手さんと同様、被覆栽培をするうえでの「覆い」資材の確保がとても重要になると聞きました。

宮原　そうですね。伝統本玉露の被覆資材には稲わらを使いますが、今どきは、お米を収穫するのにほとんどコンバインを使うでしょう。あの機械には、稲を刈りながら、土に還りやすくするためにわらの部分を粉々にする機能がついていますが、それは、被覆資材としてはあまり具合がよくない。天日干しした稲わらがいいのですが、どんどん本当にないんですよ。天日干しで作っている米農家さんも残ってはいますが、どんどん少なくなってきているので、そこも一つの問題です。

城　被覆に天然資材を使うのは伝統本玉露の生産要件の一つで、そもそも製法が違うんです。それに、いいものをつくるなら、やはり稲わらのすまきが一番。化学繊維で覆うと内部の温度が上がってしまうけれど、稲わらで編んだすまきならば温度がいたずらに上がらず、葉がゆっくり育つんですよ。

久間　天然の資材や労働力の確保は、これからますます難しくなっていくでしょうから、ここは行政や茶商さんなど、周囲の力にも期待したいところです。

――ほかの農作物はビニールハウスなどでも生育されていますが、そういったやり方はできないものなのでしょうか?

宮原　自然に合わせた育て方をするしかないですね。ハウスをしたり、電気で温めたりしても全然だめで、やっぱり気候にそって育てることが大事なんです。

久間　自然に合わせた育て方でいうと、実は寒暖差の問題も大きい。春先にいきなり温度が下がったり、霜が降りたりすることも打撃になります。

城　4月あたりに、冬が戻ってきたような気候になったりしますし。

久間　逆に、年末年始が暖かいとか……そこで、茶樹が傷んでしまうこともあります。なので、やるだけやって後は運です（笑）。

宮原　やっぱり、なるようにしかならない。どのみち、年に1回しか採れないのだから、人生のなかであと何回作れるかな？　と思いながら、自然との付き合いや苦労をいとわず尽力するほかありません。

切磋琢磨が技術をつないでいく

——生産者同士で栽培法や技術に関する情報交換はされるのですか？

宮原　聞かれれば何でも答えるし、教えますよ。だけど、みんな生産している土地が違うから、まねしたくてもできないんです。

久間　日の当たり方、土壌、水はけ、全部が違うわけで。

城　そう。結局、自分の畑に合うやり方を、自分で考えなきゃいけない。それぞれこだわる部分も違いますしね。

久間　僕は、肥料には〝こだわりしかない〟です（笑）。でも、肥料だけこだわっ

八女伝統本玉露の摘採

ても、それがいい結果になるかどうかはわかりません。

城 以前、黒木町にある試験場で、ＩｏＴを活用して伝統本玉露の被覆をデータ化する試験が行われました。気温を測ったり、遮光率を計測したりして被覆するタイミングやその強度、摘み採りをする時期を数値化したんです。この時作られたマニュアルに沿って作れば、伝統本玉露はできます。でも、日本一を目指すには、数値化できない何かがあるようです。

久間 被覆はそれぞれの農家で一番差が出るところですからね。宮原さんのようなレジェンドのやり方を残したくても、やっぱり難しいのでしょう。そのくらい個々の自然環境と生産者の情熱に左右されてしまうもの、ということです。

宮原 私だって、毎年「これが正解」というものがわからない（笑）。

久間 究極の伝統本玉露づくりは、やり始めたら永遠に解けない謎みたいなものですね。

宮原 生産者の互いの切磋琢磨が、技術をつないでいくのではないでしょうか。

去年の全国茶品評会で、玉露日本一を取ったのは京都の山下新貴さん。八女は負けちゃった。でも、山下さんのおじいさんて、昔八女が品評会でいい評価を得られずに苦しんでいた頃、玉露づくりを指導してくれた名人なんですよ。その後、八女が受賞できるようになってからも、お互い視察などを行いながら技術を高めあってきました。こういう切磋琢磨が大事だと思うんです。

城　みんな、日本一を目指して頑張っているんですね。

――一等一席の夢を追いかける、その思いの先にあるものは何でしょう。

久間　最後はお客様のため。八女茶ファンには、どういう品種でどういうふうに作っているのか、畑はどこにあるのか、そういうことを知りたがる方々が少なくありません。わざわざ、外国から来てくださる方もいる。やっぱり、お客様に「これが日本一」だと誇れるものを作りたいんですよ。

宮原　1位を取れば、お客さんはもちろんのこと、摘み手さん、茶商さん……関係者のみんなが喜んでくれますよね。品評会用の伝統本玉露は仕事ではあるけれど、私にとっては趣味でもあると思っています。

城　品評会向けの玉露って本当に手間もコストもかかるので、1位を取らないと利益が出ないですから、確かに趣味というか、お祭りに参加しているくらいの気持ちでやっています（笑）。

久間　海外の残留農薬基準は、日本より厳しいでしょう。うちは、輸出できるよう農薬調整をして品評会に出して戦いたいんです。

城　品評会って、あくまで人が評価するものだから、運の部分もありますよね。例えば、お茶は生産された土地の水で淹れたほうが間違いなくおいしい。八女で採れたお茶をほかの地域の水で淹れたとしても、最大限のポテンシャルを発揮できない気がするんです。品評会の開催場所が京都であれば、京都で採れたお茶が有利というか。ただ、みんなプライドがあるので、できれば地元開催以外の品評会で1位を取りたいという気持ちは強いと思います。

宮原　特に京都大会は、過去に京都の生産者しか1位を取ってないので、よけいに取りたいですよね。

久間　伝統本玉露は緑茶の最高峰。大前提として、それを自分たちが作っているということが自慢といいますか、誇らしいわけです。作っている人が少なく、希少価値もある。ただ本当は、未来につなぐために、もっと参入してきてほしいのですが。

宮原　玉露の新規参入は九州では鹿児島で数軒くらいですかね。そのくらい生産者がいない。ただ、玉露の価値がどんどん上がってヴィンテージワインのような扱いになれば、企業や個人が新規参入してくれるかもしれません。

そういえば以前、アメリカの方が何回も視察に来て、1回に何十万円も買っていったことがありました。

城　そういう意味では、海外のほうが興味を持ってくれているような気がします。

久間　そうですね。日本一から世界一へですよ。何より、若い人にとって「玉露をつくることはかっこいいことだ」というふうになってくれれば。

そして、伝統本玉露の存在を国内外問わず広く知ってもらって、玉露に限らず、たくさんの人に、たくさんのお茶を楽しんでもらいたいと思いますね。

匠が語る その❷

続けていくコツは、開き直り

山口勇製茶 山口孝臣

「全国茶品評会」で山口孝臣さんと父親の豪吉さんが〝ダブル受賞〟したのは２０１９年のこと。山口さん自身が作った玉露は２位でしたが、手掛けた品種「きらり31」は全国初となる出品で、その受賞は茶業界に大きなインパクトを与えました。

Profile

やまぐちたかおみ
1977年、八女市星野村生まれ。大学卒業後、ＪＡ勤務を経て30歳のときに家業を継ぐ。４代目。星野村における伝統本玉露生産者としては〝若手〟。

受賞は〝おかげさま〟の連続。誰かのためになるのが嬉しい

祖父、父の代からずっと品評会には出し続けてきたのですが、玉露の受賞作のほとんどは「さえみどり」という品種が独占しているので、新しい品種を扱うのはチャレンジでした。当時はまだ市場に出ておらず、名前もなかった「きらり31」。組合のほうから「これで玉露をつくって、品評会に出してみよう」と言われ、断れなかったんですよ（笑）。ただ、私も実際、さえみどりという牙城を崩す可能性があると感じたし、これで日本一になれば、歴史に名を残せるかもという思いで挑戦しました。

茶樹は20年くらい植え替えをしないから、新しい品種に取りかかるのは勇気がいります。プレッシャーはあったけれど、一等二席を受賞できたことで、ポテンシャルの高さを示せたように思います。

きらり31はニューフェイスとして期待され、最近、玉露の産地で栽培面積が増えているようです。なので、私としては肩の荷が下りた感じでしょうか。

品評会で上位にいくのはもちろん嬉しいけれど、受賞は摘み手さんや加工工場の人たちの存在があってこそ。〝おかげさま〟の連続なんです。だから、チャレンジが成

果を生んで、誰かのためになるのが一番嬉しいですね。

自然相手の仕事だからこそ面白い

伝統本玉露に関しては、摘み手さんや被覆用の天然資材が減ってきて、正直なところ、いつまで続けられるかわかりませんが、この仕事は本当に面白いんですよ。

肥料をどうするか、被覆のタイミングをどうするか……毎年違う気候と向き合いながら、いつ、何をするかを予想していく。ずっとノートに書きためている栽培ごよみを見ながら、「去年はここで失敗したから、今年はこうしてみよう」とか、ずっと考え続けているわけです。ただ、自然相手ですからね、もちろん思いどおりにはいきません。

それでも、摘採までの約20日間、「いいものができるかな」と待っているときが楽しくてしょうがない。カンというかバクチというか、そういう側面があるから面白いんです。それに、失敗しても自己責任でしょう。「やらされている感」はまったくないし、最後は開き直れるという最高の仕事です（笑）。

私自身はもともとＪＡに勤めていて、家業を継いだのは30歳のとき。いきなり就農だったから、当初は毎日畑に通って、見て回ることから始めたんです。見て何かが変わるわけじゃないけれど、人に勝てるのは畑に行く回数だけだと思って。私なりの心掛けでした。

観察する習慣は、今となれば力になっていると思います。被覆や摘採をするタイミングは葉の育ち具合を見て判断するわけですが、周りにもいろんな事象があるでしょう。例えば、藤の花が伸びてきたなぁとか、ウグイスが鳴き始めたなぁとか。そういった動植物の観察も、実は大きな判断材料になるんです。

参考になるのは、あくまでも人の手が及ばない自然にあるものです。そんなことを気にしている人はあまりいないかもしれませんが、それもまた、この仕事の魅力だと思っています。それと、空を見上げることが多いから、何があっても落ち込むことがないというのも魅力ですね（笑）。

匠が語る その❸

深い技の先にある〝すごいお茶〟

霊巌寺製茶 徳永慎太郎

手揉み製茶の技術を競う大会において、常に高い競技力を発揮する徳永慎太郎さん。福岡県の大会では、個人の部で10連覇を達成中。「八女のブランドを守りたい」と、伝統本玉露づくりにも挑む若手のホープであり、全国茶品評会玉露の部で4位や5位を受賞する実力者です。

Profile

とくながしんたろう
1988年、八女市黒木町生まれ。高校卒業後、農研機構（静岡県）で２年間の茶業研修を経て就農。玉露をはじめ煎茶、かぶせ茶など幅広く取り扱う。

経験の数が技を磨く。最後は自分の体で覚えていくもの

昔、僕らの小学校では、年に1回「手揉みの授業」があったんです。手揉み保存会の活動の一環として、日曜日にまる1日かけた実技授業が行われ、ずっと参加してきたから手揉みには慣れ親しんでいました。新芽が針のように、細くきれいによれていくのが何だかカッコよくて、大好きでした。

なので、高校を卒業して静岡の試験場に研修しに行ったとき、加工技術の専門コースを選んで、2年間みっちり勉強しました。静岡の山奥にある古い工場から機械化された最先端の工場まで、一式見られたのはよかったと思います。ボロボロの工場で、おじいちゃんが巧の技でお茶を作っているのを見ると、本当にすごいなぁと。

僕の手揉み技術が優れているとしたら、それは経験の多さによるものですかね。2年間の勉強時代に何回手揉みをしたことか（笑）。通常、お茶揉みは新茶の時期に1回しかやらないけれど、試験場では、新茶時期に蒸して冷凍保存しておいた葉を使って、年中揉む機会があったから、特訓できたわけです。それも硬い葉、柔らかい葉、あらゆるものに応じた揉み方を学ぶことができた。もちろん指導してくれる人はいた

けれど、最後は経験の数というか、自分の体で覚えていくものだと思います。

お茶の加工は、工程の一つひとつを巧いタイミングで切り換えていかないとダメで、微妙なズレがあると、蒸れた香りが残ったり、水色が赤くなったりしてしまう。〝すごいお茶〟に仕上げるための技や工夫は、とても深いものです。農家によっては摘採までで終わるところもあって、仕事の領域はそれぞれですが、僕は、うちの畑で栽培したものは自分で荒茶に仕上げるところまでやりたいんですよ。

1回勝負のドキドキ感がたまらない

もともと手摘みの玉露も少し作っていましたが、需要の高い煎茶に切り換えた時期があって、5、6年ほど中断していたんです。再開のきっかけは、2012年の九州北部豪雨でした。自宅が土石流で流されちゃって。うちだけでなく周囲も大変な状況でしたが、このときに、手摘みの玉露をやれるくらいの土地が空いたので、そこから品評会に向けた本格的な伝統本玉露づくりを始めたのです。

伝統本玉露には生産ルールがありますが、畑の場所や土によって栽培方法は全然違ってくるから、最後は〝カン〟。その年々によって、自分の「こうしよう」がピタッとはまるときもあれば、まったく合わないときもある。この自然に左右される感じが、逆に面白いんです。

品評会用のものになると、経費や手間がめちゃくちゃかかって、しかも1回勝負でしょう。バクチじゃないですけど、いいものができるかどうかのドキドキ感が面白い。収益を無視したところで参加する品評会は〝お祭り〟のようなものですね。それぐらいの高揚感がありますから。

茶品評会については、これまでの最高成績は4位です。もちろん、自分が一等一席を取りたいけれど、八女から日本一が出ていることが何より誇らしいです。小さな産地ながら八女のブランドが確立されているのは、やっぱり伝統本玉露があるから。そのブランドを守るために、少しでも力になりたいと思っています。

第三章

茶の流通

評価・荒茶入札・仕入れ

生産者と茶商をつなぐ〝流通の要〟

お茶の製造は「荒茶」までの加工と、その後の「仕上げ茶」までに分かれます。荒茶とは、葉や茎、粉が混じったお茶の原料となる精製途中のお茶で、一般的には生産者が作り、それをＪＡや茶商が仕入れて、仕上げ加工をしていきます。

この工程において、生産者と茶商をつなぐ〝流通の要〟として機能しているのが「ＪＡ全農ふくれん茶取引センター」（２００３年に改称）です。

福岡県内茶生産者の経営の安定と、効率的な荒茶の流通体制を整えるために、１９７４年に設立された県内唯一の茶市場で令和６年に50周年を迎えます。高品質な八女茶を消費者のもとへ安定的に届けるとともに、八女茶ブランドの向上に努めています。

八女茶の流通で最も特徴的なのは「入札販売会」です。毎年４月から８月上旬にか

八女茶の主な流通

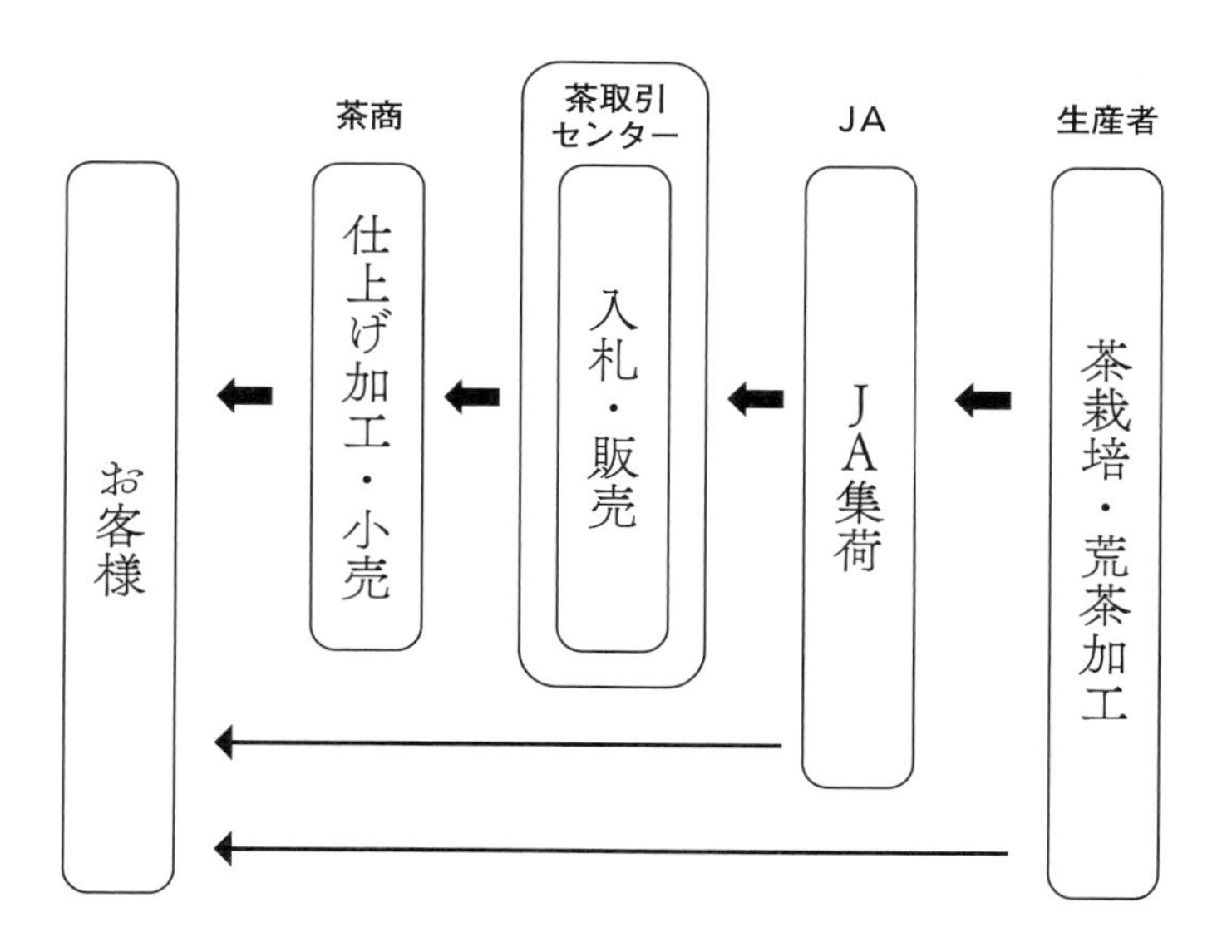

けて茶取引センターにて行われるもので、生産者がJAを通じて上場した荒茶を茶商が評価し、入札・仕入れをする場です。

具体的には、入札権を持つ県内指定茶商35社（2023年現在）が、その日の朝に上場された荒茶を評価して入札、最高入札価格（1キログラム当り）をもって落札となります。

指定茶商は、県内に拠点を構える茶商に限られており、ほかの茶産地の市場のように、県外の茶商が入札に参加することはありません。

この入札販売会で出回る荒茶量は、ここ数年で見ると、すべての茶種を合わせて概ね1130トン前後。福岡県全体の生産量は1650トン（2021年実績）ですから、およそ7割を共販していることになります。

ピーク時になると、入札販売会への上場数が1日で400点を超えることもあり、茶商たちは〝品定め〟に大忙しとなり、茶取引センターは活況を呈します。

厳正な審査を通じ、生産者の技術向上を図る

入札販売会のほか、茶取引センターでは、生産者の技術向上を目的とする活動も行います。

代表的なのは「福岡県茶共進会」という県内唯一の茶品評会。１９６３年から毎年開催されているものです。毎年５月、入札販売会の時期に「煎茶の部」「玉露の部」が実施され、厳正な審査が行われます。

全国茶品評会とはまた別の県独自の品評会ですが、それぞれ受賞者が選ばれ、そのなかの最上位のお茶には農林水産大臣賞が授与されます。両部門とも１００点以上が出品される品評会だけに、受賞は生産者にとって大きな目標の一つとなっています。

では、お茶はどのように審査されるのでしょうか。

お茶にはさまざまな茶種や品種があり、こうした多彩なお茶には固有の特性が備わります。新しい品種には、どのような特徴があるのかも吟味されます。

審査によってお茶を詳しく評価することで、品質の特徴や優劣だけでなく、製造上の課題なども見つけ出すことができます。

ここでは、入札販売会やお茶の品評会などで行われる「官能審査」（人の感覚によるもの）を紹介します。

【外観】
お茶は、製造の適否や品質が外観に表れることから、拝見盆と呼ばれる黒い角盆に茶を置き、その形状や色択を評価します。

【香気】
白磁の茶碗に茶葉を3グラム入れて熱湯を注ぎ、茶葉を網ですくい上げ、香りを評価します。

【水色】
白磁の審査茶碗に茶葉を3グラム入れて熱湯を注ぎ、茶種に応じて5～6分置いた後に茶殻を取り除き、色合いを見ます。

【滋味（じみ）】

水色と同じ方法で茶殻を取り除いた後、スプーンですくって口に含み、味を確かめます。甘味、うま味、渋味、苦味の調和具合、喉越しなどを細かく審査します。

視覚、触覚、嗅覚、味覚をフルに活用する審査方法です。審査員や仕入れの際に吟味する茶商は、全神経を集中させて臨みます。安心・安全で良質なお茶を提供するため、舞台裏ではこのような厳しい鑑定・審査が行われています。

全国茶品評会出品茶の外観（上）
福岡県茶共進会での「外観審査」（下）

「外観審査」ののち、湯を注ぎ「香気」を評価（上）、茶の色合いをみる「水色」（下）をへて、口に含み「滋味」審査へ

流通面からサポート

「茶取引センターは単なる取引の場ではなく、交流や技術支援の拠点として機能しています。生産者と茶商が車の両輪となって、八女茶のブランドを向上させていく、いわば〝要の場〟なんですよ」

そう話すのは、２０２０年からＪＡ全農ふくれん茶取引センターの場長を務めている桐明慎一郎さん。

県外からの買い手や仲立ち人が介在する大きな流通取引とは違い、生産者と茶商の距離が近いというのが八女の特徴です。品質向上のため、直接的な情報交換が頻繁に行われているのは、小さな産地ならではのメリットであり、強みでもあります。

「生産者にしてみれば、茶商から直接、きちんとした評価を受けられますしね。例えば、上場されたお茶に課題があったなら、両者で膝を突き合わせて『もっとこうすればいいお茶になるんじゃないか』と話し合う。八女は、こういった交流や技術支援が日常的に行われている産地なんです」

こうした良質な茶生産に向けた支援強化とともに、茶取引センターは、八女茶ブランドの維持・拡大のため、ＰＲ活動も含めた流通面からの多角的サポートに注力しています。

その背景には、お茶をめぐる情勢があります。

「全国的にみても、茶産地における生産者は高齢化もあって減少傾向にありますし、近年は生産資材のコスト高騰もあって、お茶の生産は厳しい環境に置かれています。良質なお茶づくりを基本とする八女茶を維持・拡大していくためには、茶取引センターの役割がますます重要になっていくでしょう。八女茶発祥６００年というタイミングに身を置く一員として、消費者に喜んでいただくために、そして、新たなチャレンジをしていくためにも、精一杯努めたいと思っています」

第四章

これからの100年

八女茶のファンづくり

どんな淹れ方でも大丈夫

「お茶産地の関係者が大切にしていることは、飲んでいただく方に『八女茶はいい』と、日頃から感じてもらうことです」

そう話すのは、序章の座談会にも登壇した吉泉正幸さん。「愛好家のお茶需要に応えていくのはもちろんのこと、これまで関心のなかった方にも、お茶の素晴らしさを伝えていきたいと考えています」

それでは、手軽に美味しいお茶を消費者に提供し、八女茶ファンになってもらうにはどうしたらよいのでしょうか。

「お客様と接するなかで、『もっと美味しく飲める方法はありますか』とよく聞かれます。本来、お茶の淹れ方はいかようでもいいのですが、大切なお客様のご質問に対し、茶葉の量、お湯の温度、浸出時間を丁寧に説明してきました。知っていただくことで、お茶への興味も楽しみも、一層深まることを願っています」

一方で、飲料業界の攻勢やお茶ペットボトルの伸びにより、急須等を使って飲む茶葉の消費量は減少傾向にあります。

「5倍に薄めて飲むものからストレート（そのままで飲む）のものまで、茶葉を加工した商品はさまざま。新たな商品の登場は、味覚に敏感な消費者ニーズを反映したものばかりです。お茶を飲むうえで選択肢がひろがっているのを実感します。今後は、従来の淹れ方にこだわることなく、手軽に説明なしでも美味しいお茶が飲める製品づくりが求められます」

また、八女茶業界では、生産・加工の過程で、渋味や苦味を抑え、甘味が感じられる茶葉の技術研究が始まっています。

「ひと昔前のお茶と今のお茶では、かなり違った印象をもたれることでしょう。さらに、お茶本来の香りをコーヒーに劣らないものにする視点も必要と考えられます。これからの八女茶のファンづくりには、簡単に淹れられ、香り高く、濃く甘く、色良しのお茶づくりが求められているのです」

産地情報を発信する

「国内外のお客様に八女茶のおいしさを説明する場合、必ず茶畑のある土地や気候・風土を話題にします。そうすると『ワインのようですね』と、いわれることがよくあります」と吉泉さん。

ワインの世界では、産地の個性を指してテロワール（Terroir）と呼びますが、これは気象条件（日照、気温、降水量）、土壌（地質、水はけ）、地形や標高など自然環境を表します。八女地方は、高級煎茶はもとより高級玉露ができる、お茶版のテロワールを有しています。

「こんなことがありました。遠くは東京都内の有名茶商さんから、アメリカの観光客が『こちらに八女茶は置いてありますか？』と来店されたとお聞きしたのです。このように海外からも八女茶の問い合わせが頻繁にあります。国内にとどまらず、海外からの〝八女茶〟を求めるファンが確実に増えつつある証拠です」

ワイン産地は世界各地に点在しているため、産地の情報はワインソムリエたちによって全世界に紹介されます。

「八女茶」もまた、そのすばらしさを国内だけでなく、海外へとさらに拡げていく努力を払わねばなりません。情報を発信することもそのひとつ。生産者も茶商も後継者が減少していることへの不安が叫ばれるなか、これから先の１００年を見据えたお茶関係者の協力と積極的実践が欠かせないものとなっています。

取り巻く環境と商標の登録

海外への販路

日本茶の輸出は、江戸時代後期に本格的に始まり、昭和30年代頃まで活況を呈し、以降は減少に転じます。近年は、海外でもお茶の健康的イメージから再び輸出が増加しています。緑茶の輸出量は、平成13年（２００１）の２３８７トンから、令和３年（２０２１）に６１７９トンになり、この20年間で約２・５倍となり、金額で前年比26パーセント増の約２０４億円と過去最高を記録しています。輸出先は、アメリカをはじめ、ＥＵ諸国からアジア諸国へと広がっています。

近年、福岡県内のＪＡや茶商らを中心に、八女茶の輸出が増加しています。

平成4年以前、輸出を行う茶商も一部にいましたが、ここでは関係機関と茶商等が協力した海外向け販路拡大の取り組みを紹介します。

●**平成4年（1992）〜平成13年（2001）**
香港の日系百貨店やスーパーでアンテナショップ開催

●**平成15年（2003）〜平成17年（2005）**
香港・台湾で商談会

●**平成18年（2006）10月**
ドイツ・フランクフルト事務所が欧州向け八女茶の輸出可能性を調査
ドイツのフランクフルト、ハンブルグ、デンマークのコペンハーゲン、フランスのパリで試飲会

●**平成19年（2007）**
ドイツ見本市出展（独ANUGA）、ドイツ、フランスで「玉露の淹れ方講習会」

●**平成20年（2008）**
ドイツ、フランスで試飲会、商談会

●**平成21年**（２００９）
ドイツで、八女茶のＰＲ・商談会
アメリカ・サンフランシスコで試飲会、商談会
香港ティーフェア出展

●**平成22年**（２０１０）
日本茶インストラクターをドイツ、ベルギーに派遣。ドイツ茶商と共同で見本市に出展し八女茶文化・淹れ方のＰＲ。ドイツ、ベルギーで個別商談会

●**平成26年**（２０１４）
タイ商談会

●**平成27年**（２０１５）
欧州茶商の招聘（しょうへい）。香港で料理教室を開催

●**平成28年**（２０１６）
欧州バイヤーの産地招聘。香港で料理教室を開催

●**平成29年**（２０１７）
欧州バイヤーの産地招聘

Yame Teas×Single Thread Farm exhibition in New York（2017.3）にて

●平成30年（２０１８）

欧州の茶専門店に八女茶のコーナーを設置

「Food EXPO Kyushu」に出展

●令和元年（２０１９）

欧州の茶専門店のバイヤーを招聘

●令和2年（２０２０）

越境ＥＣサイトを活用し八女茶の販路を開拓

●令和4年（２０２２）

ニューヨークの有名レストランや日本茶専門店で八女茶をＰＲ

福岡商工会議所で海外商談会

抹茶ブームが牽引

平成18年（２００６年）頃、欧州のスーパーでは、静岡や鹿児島のお茶製品の傍らにJapanese Tea made in China と表示された製品が置かれ、日本茶と中国茶の区別がありませんでした。後に良質な日本茶の認識がいっきに広がり、販売量も拡大していきます。ただ、ＥＵ諸国ではドイツ標準の残留農薬基準を採用しているため、厳しい条件をクリアしなければ輸出できません。日本の慣行栽培によるお茶でこの残留農薬基準を満たさないものは、全量返品の扱いになります。このため、福岡県とＪＡでは、有機栽培茶や各国・地域の基準をクリアする生産にむけた取り組みを積極的に推進しています。

現在、福岡県内の茶商は、海外茶商との直接取引による販売、スーパーや量販店、国内の販売代理店を通じ輸出を行っています。最近は、欧州以外にもアメリカでの日本茶需要が高まっています。特にアメリカは、健康志向と抹茶ブームが相まって抹茶の輸入が増大、日本茶の輸出先第１位です。

商標としての八女茶

「八女茶」と「福岡の八女茶」は、平成20年（2008）3月、地域団体商標として登録されました。商標の登録は、八女茶のブランドを守り、これに携わる関係者を保護する制度です。これを契機に「八女伝統本玉露」「八女抹茶」を追加し、あわせて商標の海外登録を行っています。

— 国内商標 —

商標名	登録日	登録番号
「八女茶」	平成20年（2008）3月7日	第5116871号
「福岡の八女茶」	平成20年（2008）3月7日	第5116872号
「八女さやか」	平成27年（2015）1月9日	第5732457号

「八女伝統本玉露」	平成28年（2016）9月30日	第5885961号
「伝統本玉露」	平成29年（2017）2月17日	第5924669号
「八女抹茶」	令和2年（2020）7月7日	第6266776号

— 海外商標 —

国または地域	登録日
香港	平成30年（2018）12月4日
ロシア	平成30年（2018）12月4日
マカオ	令和元年（2019）6月11日
台湾	令和2年（2020）8月1日
オーストラリア	令和4年（2022）3月25日
アメリカ合衆国	令和4年（2022）4月5日

ブランド化をめざして

「ボトリングティーYAME」の誕生

世界のお茶愛好家たちを対象に、八女茶の神髄を理解いただく機会が必要です。「八女伝統本玉露推進協議会」では、香港やニューヨークにおいて、八女茶試飲会、食事とのペアリングイベントを企画し国内外の有名シェフや文化人、メディア関係者らを招待しました。

さらに、世界でも著名なフレンチ界の巨匠にアプローチし、「八女伝統本玉露」のおいしさをPRし、高い評価をいただきました。

また、世界的ソムリエのアドバイスを受け、ワインのように飲めるボトル（瓶）入り八女伝統本玉露「ボトリングティーYAME」を製造し、八女茶発祥600年記念として発売しました。使われた素材は、茶品評会に出品する八女伝統本玉露でも最高

「八女伝統本玉露 "YAME"」(27,000円／500mℓ)

級茶葉が使われています。

このように、八女茶のブランド化事業を推進する一方、そもそも「八女茶」は商標なのか？ という課題が浮彫りとなりました。お茶には、八女伝統本玉露のような超高級茶から秋冬に摘採する秋冬番茶まで含まれ、1キロ単価は約3000倍もの開きがあります。このように価格差がありながら、一つの産地ブランドとして定着しています。

その理由は、どの価格帯の「八女茶」でも、一定の特徴を備えているためといわれています。

ひと昔前までは、お茶は農産物のひとつに過ぎませんでしたが、商標として登録したことで、八女茶ブランドが際立って意識されるようになったのです。

茶の心、子や孫世代へ

毎日の給茶機

「お茶産地には、生産と流通を担う若い後継者がいます。その子や孫の代まで、100年後も消費者からの応援をいただける産地を目指していきます」

松延伸治さんは、一つの事例を挙げて続けます。

「八女市は教育施策の一環から、市内24のすべての小・中学校に給茶機を設置し、季節によって温かいお茶や冷茶を気軽に楽しめる環境をつくりました。この装置は、茶葉の量やお湯の温度、浸出時間など、細かく設定することができます。導入直後は、休み時間に行列ができ、なかには授業開始に遅れる子も。近頃は学年ごとに利用日を決め混雑を緩和しています。子どもの頃からお茶に親しみ、大人になっても淹れ方を問わず簡単に美味しいお茶を楽しむ。産地と一体となったお茶に親しむ活動は、地域ならではの貴重な経験です」

さらに、「生産・茶商の後継者は、茶業を一生の仕事として働く意義を見出しています。お客様に『美味しい』と喜んでもらえると疲れも忘れ、自信と誇りにつながる」といいます。

関係者は口を揃え「健康に良い飲み物、美味しいといって褒めてもらう飲み物、こだわると奥深い飲み物、日々、八女茶を通して生活が豊かになる」と自信をのぞかせます。

600年の歳月をかけて醸成された「お茶への敬愛」の念は、次の100年に向けて受け継がれていくでしょう。生産者・茶商と、お茶を飲むすべての人がともに手を携えて前進していくことが、なにより期待されています。

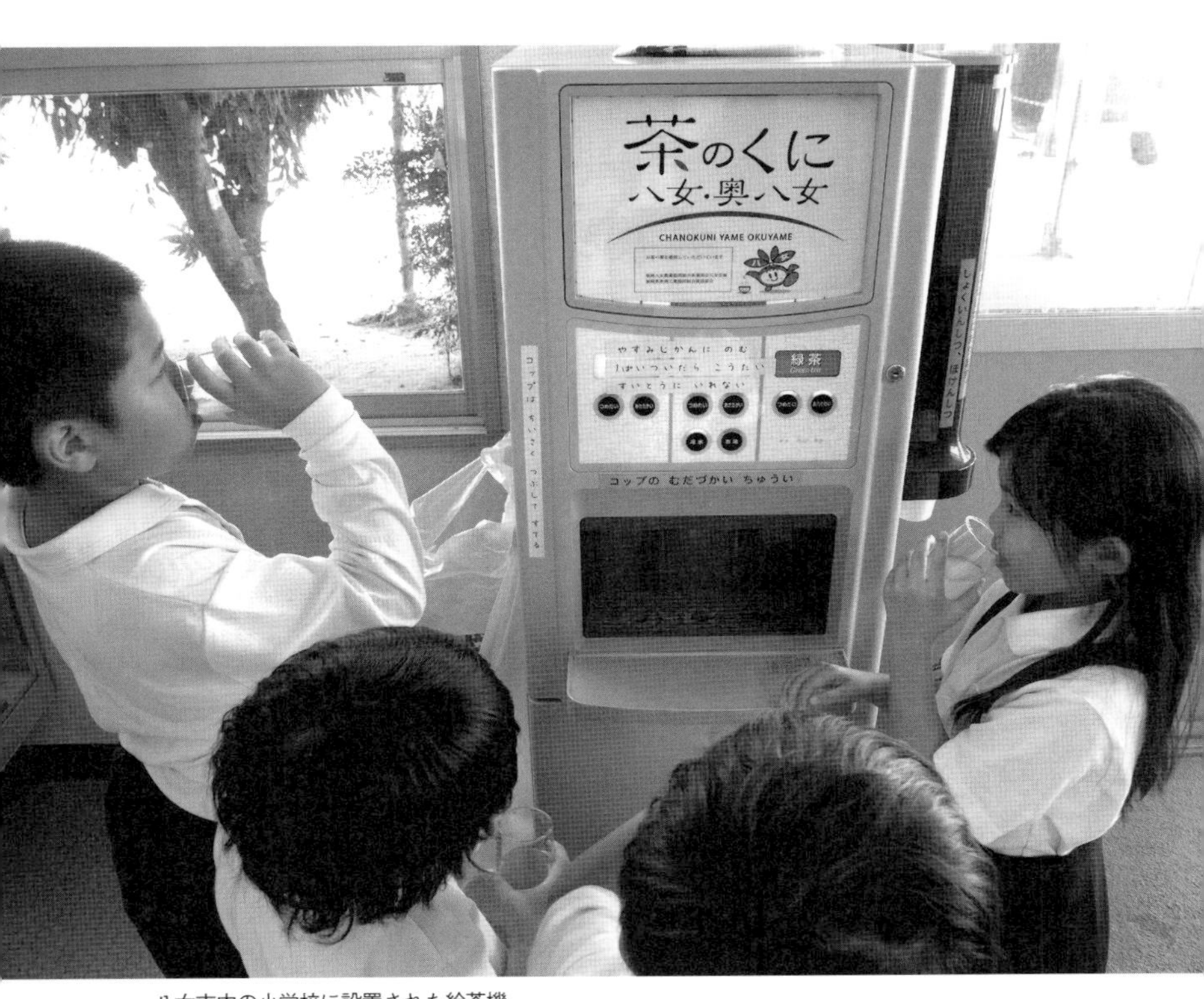

八女市内の小学校に設置された給茶機

第二部

八女茶前史

八女茶発祥よりさかのぼると、日本への茶の伝来とその広まりについて、いくつかの高まりが見られます。

古代の日本においては、記録によると飲用のもととなるお茶の形は、団子状に固めた茶葉を天日乾燥させ、鍋に適量を削りだし煮出して飲むもので、団茶（だんちゃ）と呼ばれました。僧侶および貴族や高級官人ら限られた者の間で嗜好（しこう）されたといわれます。

中国との対外交流関係を築くなかで、日本では、仏教伝来、遣隋使、遣唐使など国際的な交渉が展開しました。これに伴い中国から多くの文物が国内にもたらされています。

しかしながら、史料には限りがあり、お茶についての詳細を窺い知ることはできません。ただ、私たち現代人が味わうお茶文化とは、大きな違いがあるようです。

中世期の鎌倉時代に入ると、朝廷・幕府等が資金調達を図るため宋との交易が活発化しました。これに乗じ学僧らも渡航の機会をえて、禅の思想や関係の品物を持ち帰り布教の拠り所とします。禅僧・栄西は、二度目の帰国に伴い入港した平戸を皮切りに、各地で禅を布教するとともに茶の栽培と製茶技法を伝え広めたことが特筆されます。

最初に、肥前国平戸・冨春園に茶の種子を播き栽培と製茶法を伝えたといわれます。次いで、脊振山霊仙寺石上坊に移り同様の活動を行い、さらに、筑前国博多に聖福寺を創建し山内に茶の種子を播きます。後に茶の種子を山城国高山寺の明恵に贈り、栂尾にこれを栽培し「本茶」と称しました。以後、近衛家所領の宇治にもたらされました。その後、円爾弁円（聖一国師）により駿河へ拡大し、静岡茶のはじまりとされています。

このように、喫茶は鎌倉時代以降、武士や庶民にいたるまで各地に広まりをみせており、これが喫茶文化のはじまりとされます。

茶葉の製法と飲み方は古代と異なり、乾燥させた茶葉を細かく粉末状にし、適量をお湯で溶かし茶碗で飲む方法があらたな特徴です。

明庵栄西

本書では前史の詳細は類書に譲ります。
ここからは、八女地方での茶の広がりに焦点をあて、加工技術《製茶》の展開と交易・輸出にも触れます。
福岡の八女茶の１００年先に向けて、これまで歩んだ６００年の足跡をたどります。

八女茶の由来
〈室町時代〜江戸時代初期〉

禅僧・栄林周瑞から松尾太郎五郎久家へ

室町時代中頃の応永年間、明国（現・中国）で禅の修行を終え帰国した禅僧・栄林周瑞が、筑後国鹿子尾村（現・八女市黒木町笠原）を訪れた際、かつて修行した蘇州・霊巌山寺の景観によく似ていたことから同地に霊巌寺を開きます。周瑞は、持ち帰った茶の種子を村の有力者・松尾太郎五郎久家に与えるとともに、明式の茶の栽培と製茶技術を伝え広めたといわれています。久家が没した応永30年（１４２３）には、寺領一帯に広く茶園を造成し製品の加工を行い、良質な茶の流通を行っていたことが推察されます。ここに「八女茶」の発祥をとらえることができます。

一方、近郷の有力貴族の荘園地においても、この頃までに茶園を造成していた記録が残り、豊前(ぶぜん)地方では16世紀初頭にかけて、しばしば諸大名に茶を贈った記録が残されています。室町時代、禅文化の新たな広まりにあわせ、八女地方でも喫茶文化が各地に定着していったものとみられています。

霊厳寺

本堂に安置される栄林周瑞の木造坐像

鹿子尾村の茶が京坂地方で人気を博す

周瑞禅師が茶の栽培法、喫茶法を八女地方に伝えた後、室町、安土桃山時代を通じ、地域や集落ごとに細々と釜炒り茶が生産されていたようです。

江戸時代に入ってからも、しばらくは、八女地方でつくられる茶の生産量はわずかでした。まだ茶園や茶畑のような生産形態は限られ、山の斜面に植えて育てた茶を収穫する程度で、主に久留米藩内だけで流通していました。

また、3代将軍・徳川家光が発令した「慶安御触書（けいあんのおふれがき）」*1によって「茶は贅沢品」として戒められており、そもそも茶は、ごく限られた人たちによる嗜好品とされていました。

一方、霊巌寺が所蔵する古文書（注文書）には、宝暦から明和年間（1764～1772）にかけて、鹿子尾村周辺でつくられた茶が京坂地方で人気を博したという記録が残されています。上方で使う御用茶として出荷されていたもののなかには「鶯」「初花」という銘柄が記載され、特に鶯は、筑後国の地誌『筑後志』のなかで「鹿子尾村庄屋の家で製した上品である」と記されています。

　そして、「鶯」銘柄の人気が高く名産品となったことから、寛政９年（１７９７）に「霞」という製品をつくり始めます。諸国向けのものでしたが、筑前や肥前方面に販売されることが多かったとも記されています。

＊1　「慶安御触書」　江戸幕府より発令された触書。農民の心得を示す。

〈江戸時代中期〜後期〉

八女に伝わる緑茶のルーツ

周瑞禅師によって伝えられた製茶法は、しだいに庶民に伝わり、鹿子尾村一帯に生産量も増大していきました。江戸時代の終わり頃になると、久留米、柳河（やながわ）両藩の奨励もあり、茶の生産は山間部全域へと広がります。

宇治の茶農・永谷宗円が開発した青製煎茶製法*2（現在の煎茶）が八女に伝わったのも江戸後期になってからでした。天保2年（1831）、上妻（こうづま）郡山内村（現在の八女市山内）の古賀平助が、茶葉を蒸して焙炉（ほいろ）*3で作る宇治方式製茶を始めています。

そして、1844年までの天保年間に、宇治から技師たちを招いて緑茶の製法を伝授させ、品質の改善に取り組んだ記録が残っています。

日本茶の輸出

やがて日本茶の国外への輸出が始まります。背景にあるのは、長崎貿易です。幕末の混乱期、国際貿易港だった長崎で、茶の取引が行われたのは安政3年（1856）。長崎の女性貿易商・大浦慶が、イギリス人貿易商であるウィリアム・ジョン・オルトから大量の茶の注文を受けたのです。

その3年前に、慶が長崎在住のオランダ商人を介して、嬉野（うれしの）茶の見本をイギリス、アメリカ、アラビアの3国へ送っていたことがきっかけでした。

大浦慶（出展：国立国会図書館「近代日本人の肖像」）

大量の注文に応じるには嬉野茶だけではとうてい足りず、慶は2年がかりで八女を含む九州中から茶を買い集めて、1万斤（約6トン）をアメリカに輸出しました。

これを機に、山内村の大津簡七が長崎在住の外国商人と茶の取引を行うようになり、大きな利益を得ています。庄屋の松延広吉とともに、矢部、大淵、星野などの山村を回って、栽培法や茶葉の精粗を広範囲に調査したのもこの頃です。

山内村ではすでに宇治方式の製茶を始めていましたが、外国に輸出するには釜製のほうが向くと知るや、いち早く釜製茶に切り替えたとも伝えられています。

拡大する茶の生産

追って文久1年（1861）、トーマス・ブレーク・グラバーが長崎でグラバー商会を設立し、茶をアメリカに輸出する直接取引を始めました。

グラバーは武器商人としてのイメージがありますが、当初の中心的な活動は、茶や和紙などアジア的な商材の輸出が主流でした。八女福島地区の商家に和紙を買い付けた記録も残っており、前述のオルトとともに、八女地域の茶生産の伸長に大きくかかわっていたことは、意外と知られていません。

江戸幕府が箱館（函館）、新潟、神戸などを開港すると、日本からアメリカに輸出する茶も年々増加傾向をたどり、八女でも緑茶（主に日乾製や釜炒り製）の製品化を目指して、その生産量も飛躍的に伸びていきました。
八女地方東部の山々では、いたるところで茶樹が見られるようになった時代です。

トーマス・ブレーク・グラバー
(提供：グラバー園)

＊2　青製煎茶製法　茶を作る際、乾燥させる前に「揉む」工程を加えた製法。茶葉は緑色に仕上がるため「青製」と呼ばれた。

＊3　焙炉（ほいろ）　茶葉の手揉みを行うための台で下から加熱して使う。

〈明治時代〉

日本茶、外需頼みで苦境に立つ

開国を経て、日本の茶も輸出品として多く外国へ出荷されるようになります。明治初期には輸出総額の約60％を生糸が占め、次いで茶は約20％と大きな割合を担っていました。八女においても、明治15年（１８８２）には、現在の八女茶生産量の半分に近い出荷があったと推定されています。

茶は明治維新を機に、対外貿易を支える花形産業へと成長していったのです。

しかし、明治16年（１８８３）に、茶の大半の輸出先であったアメリカが粗悪な茶を排斥する「贋茶輸入禁止令」を出したことで、市場は大きな転換期を迎えます。

当時の茶製造は、旧来からの未熟な天日干しを利用した黒製法や釜炒り製法で行われており、輸出を急ぐあまり十分に乾燥されないまま出荷された黒製茶は色や香りが悪く、アメリカでは大きな問題になっていたのです。

八女郡では、条例が制定された翌年に、郡下の茶産地に14の茶業組合を設置して茶質の向上に努めましたが、天日乾燥茶は多くの地方の「雑茶」とともに輸出枠から脱落していきました。

奨励された紅茶づくり

一方で胎動をみせていたのが、当時、イギリスで急激に輸入量が増加していた「紅茶」です。紅茶は明治政府の外貨獲得政策で注目され、八女地方でも輸出用としての紅茶の生産が行われるようになりました。

明治６年（１８７３）には官営の紅茶伝習所が設置され、山内村の大津簡七が初めて紅茶の生産を行っています。

以降、政府による紅茶製造の奨励は大正時代まで続きますが、結果として、長くは続きませんでした。世界最大の紅茶消費国であるイギリスがインドでの生産に踏み切ったことと、紅茶を飲む習慣がなかった日本では、品質や価格面で諸外国と対抗できるものを作ることができず、結局、衰退していきました。

ただ、この間の八女の茶業は、紅茶史の観を呈するほどの時期にありました。

蒸し製手揉み緑茶への転換

八女の玉露が誕生したのは、このような激動の時代でした。

明治2年（1869）、山門郡瀬高町の清水寺住職・田北隆研は、寺領の山林を開墾して7反歩の土地を確保し、茶の栽培を始めました。明治4年（1871）に初めて葉を摘みとって釜炒り茶をつくり、明治7年（1874）に焙炉製茶を製造しています。

高価な玉露の生産に着目した同郡本吉村の野田恵太郎・松尾亀太郎らは、茶の先進地である静岡や宇治、信楽（しがらき）を再三訪れて、茶園の仕立て、日覆い製法を学び、明治12年（1879）に初めて玉露製造に成功しました。これを契機に、本吉村・大草村一帯にかけて茶の栽培が広まり、煎茶と玉露の生産が行われるようになりました。

明治19年（1886）、田北が福岡県連合共進会に提出した申告書には、清水寺「音羽園」茶園面積は、2町2反（2・2ヘクタール）、玉露の名称を「雪ノ友」と称し、1斤（600グラム）1円20銭で販売しています。清水寺では、山門伝習所として地元のみならず八女地区からも手揉み研修生を受け入れ、手揉み玉露の基礎を築きました。

代表的な産地である星野村で初めて玉露の試製が行われたのは明治37年（1904）。この頃から製茶改良の気運が生まれ、事業を行う山主たちは静岡から技師を迎えて伝習を行い、先んじて蒸し製手揉み緑茶へと転換を図りました。

また、明治42年（1909）には「第4回　四郡連合重要物産品評会」で、星野村の藤崎市蔵が玉露で2等賞を受賞し、福岡県知事賞も受けています。星野村で茶に関する最初の受賞となりました。

この星野村における釜炒り茶から蒸し製手揉み緑茶への転換が、八女茶全体の発展につながりました。明治43年（1910）、星野村や笠原村の製茶業者が中心となって、事実上解散状態にあった茶業組合を復活させ、ここから、蒸し製緑茶への転換が八女東部の山間茶産地の全域に広がりをみせます。

〈大正時代〉

新興茶産地の形成で、八女の茶業大きく伸展

前述のような動きに呼応して、大正3年（1914）、黒木町に緑茶伝習所が開設されました。また、県には茶業専任の技術員も配置され、大正時代以降、八女茶の生産量が増大します。

岡山村、広川村、光友村など八女西部一帯に茶園が次々と造成され、新興茶産地となったのもこの時期です。西部の丘陵地帯に栽培されていた櫨（はぜ）（和ろうそくの原料）の生産が電球の普及とともに衰退したことで、櫨に代わる茶園が次々と造成され始めます。

これは、東部の山間地帯における蒸し製緑茶への転換や、新しい茶園の出現に影響されたものですが、西部の櫨地帯における茶園造成が、これと軌を一にしたことは、八女地方で茶業が発展する大きな転機となりました。

日乾釜炒り茶の製造は存続しつつ、緑茶の機械式製茶工場の設立が始まります。また、玉露を中心とした上質煎茶の製造が大きく増加したことで、星野村を拠点に玉露の生産額が急速に増大しました。

以後20年を経ずに、宇治に次ぎ全国2位の生産額を数え、玉露産地としての地位を確立しました。

〈昭和時代以降〉

第二次世界大戦の荒廃から復興する

戦中・戦後にかけて、日本では食料増産が優先されたため、終戦直後における日本全体の荒茶生産量は2万トン強と、明治20年頃の水準にまで落ち込みました。

しかし、戦後の復興期においては、アメリカからの輸入食料の見返りに茶が指定されたことで、他産業に先駆けて輸出を再開、生産量とともに輸出量も増加に転じます。昭和29年（1954）には、日本全体の荒茶生産量が6万トン台に、輸出量が1万7000トン台にまで回復しました。

1960年代に入って、高度経済成長と高級志向があいまって、茶の国内消費量が増加します。生産量は拡大し、輸出量は減少しますが、内需はそれを上回るほど拡大の一途をたどります。

八女地域も、特に1965年から1975年にかけて、八女茶の生産が急激に増加

昭和初期の製茶工場

茶摘み。（上）昭和20年頃／（中）昭和30年頃／（下）昭和40年頃

しました。規模拡大の背景には、集団茶園の造成で主産地化が進んだこと、効率的な製茶機械が開発されたことが後押ししました。

その後は、古くなった茶園の植え替えや基盤整備、優良荒茶工場の設置など、もっぱら生産性の向上に力点が置かれ、規模拡大は表面的にスローダウンしましたが、栽培面積は依然として増え続けました。平成21年（２００９）には１５００ヘクタール近くとなり、現在とほぼ変わらない栽培面積にまで拡大しています。八女茶の生産が急激に増加し始めた１９６５年の面積は７１４ヘクタール、四十数年で2倍近くに拡大したのです。

日本屈指の高級茶産地として

流通を取り巻く環境もより近代化をたどります。

昭和49年（１９７４）に「福岡県購販連茶流通センター」（現在のＪＡ全農ふくれん茶取引センター）が発足し、それまで地域の農協単位で取引されていた福岡県内の多くの茶が上場されるようになりました。八女茶は茶商たちによって評価され、品質管理が徹底されているのです。

「八女伝統本玉露」の名称が使用されるようになったのは平成9年（1997）ですが、同センターはここでもかかわっています。それ以前の玉露の上場は、手摘みを行った高級玉露と、機械を使って摘採したハサミ摘み玉露が同じ「玉露」表示となって混在していました。これを区分するため、関係機関を交えた検討を行い、現在の呼び名となりました。


こうしたさまざまな環境整備のもと、八女茶は高級茶としての歩みを重ね、その品質を示す一つの証として、全国茶品評会で常勝するようになりました。

昭和37年（1962）の鹿児島県大会で、「かぶせ」の部で農林大臣賞を受賞したことを皮切りに、昭和42年（1967）、福岡県で開催された同品評会で「煎茶」「かぶせ」「玉露」で農林大臣賞を受賞。玉露に関しては、以降、連続して農林大臣賞を受賞。とりわけ平成19年（2007）度は、玉露の部の1位から26位までを独占し、他の産地を圧倒しました。

団体賞としての産地賞については、現在、23年連続第1位を続けています。

八女茶は600年という長い歴史を紡ぎながら、そして多くの先人たちのたゆまぬ努力によって支えられ、今日のように、日本有数の高級茶として国内外に知られるようになったものです。

＊4　機械製茶　蒸し、揉み、乾燥までを機械で行うこと。

―全国茶品評会成績―

回	開催年	和暦	主催県	農林水産大臣賞	農林水産省生産局長賞（二席）（H12まで農産園芸局長賞）
16	1962	昭和37	鹿児島	冠…堀川皆次（黒木町）	
17	1963	昭和38	静岡	冠…松尾三男（黒木町）	
19	1965	昭和40	静岡	玉…倉住憲充（星野村）	
20	1966	昭和41	三重	冠…松延忠市（黒木町）	
21	1967	昭和42	福岡	煎…宮園久応（黒木町） 玉…倉住憲充（星野村） 冠…山科暢行（星野村）	煎…斉藤三二（八女市） 玉…宮崎忠男（星野村） 冠…森松安太（星野村） 蒸…江崎 茂（八女市）
22	1968	昭和43	滋賀	冠…山科暢之（星野村）	玉…久間繁五郎（上陽町）
23	1969	昭和44	静岡		玉…原口重信（星野村）
27	1973	昭和48	埼玉		玉…山科暢之（星野村）
28	1974	昭和49	鹿児島		玉…浅田周作（星野村）
31	1977	昭和52	静岡		煎…古川 新（八女市）
32	1978	昭和53	京都		煎…原島典男（矢部村）
33	1979	昭和54	佐賀		玉…山科和久（星野村）
34	1980	昭和55	中央会		玉…仁田原正明（黒木町）

玉露＝玉 ／ 煎茶＝煎 ／ 冠＝かぶせ

35	1981	昭和56	熊本	玉…豊田邦明（黒木町）	
36	1982	昭和57	埼玉	煎…古川 新（八女市） 玉…内藤政行（黒木町）	玉…坂田安男（黒木町）
37	1983	昭和58	愛知		玉…古川恒夫（矢部村）
38	1984	昭和59	福岡	煎…溝田 剛（八女市） 煎…古川恒喜（矢部村） 玉…本星野製茶代表 末崎定治（星野村） 玉…轟製茶代表 梅野伊佐夫（星野村）	煎…桐明靖広（八女市） 煎…古川直樹（八女市） 煎…松延武郎（八女市） 煎…松延利博（八女市） 玉…高木八郎（上陽町） 玉…七区製茶代表 山科住義（星野村） 蒸…松延利博（八女市）
40	1986	昭和61	鹿児島	玉…宮園重生（黒木町）	
41	1987	昭和62	中央会		玉…原口製茶代表 原口幸人（星野村）
42	1988	昭和63	静岡		玉…原口製茶代表 原口幸人（星野村）
44	1990	平成2	中央会	玉…浅田周作（星野村）	玉…松延正博（黒木町）
46	1992	平成4	埼玉	玉…笛田藤雄（星野村）	玉…原口製茶代表 原口俊時（星野村）
49	1995	平成7	宮崎	玉…山口毅利（星野村）	玉…山口勇製茶代表 山口豪吉（星野村）
50	1996	平成8	静岡	玉…笛田秀雄（星野村）	玉…山口豪吉（星野村）
53	1999	平成11	佐賀	玉…小川 薫（黒木町）	玉…笛田文香（星野村） 煎…（農）八女中央茶共同組合 野上治男（八女市）

回	開催年	和暦	主催県	農林水産大臣賞	農林水産省生産局長賞(一席)〔H12まで農産園芸局長賞〕
55	2001	平成13	三重	玉…西尾 誠(黒木町)	玉…竹下逸夫(上陽町)
56	2002	平成14	鹿児島	玉…山口英昭(星野村)	
57	2003	平成15	静岡	玉…宮原義昭(星野村)	玉…長野実登志(矢部村)
58	2004	平成16	愛知	玉…杉本正之(黒木町)	玉…笛田秀雄(星野村)
59	2005	平成17	福岡	煎…(有)グリーンワールド八女(八女市) 煎…築山博文(筑後市) 玉…立石安範(星野村) 冠…岳 和喜(黒木町) 煎…(農)八女中央茶共同組合(八女市)	玉…中尾与三行(上陽町) 冠…(農)星野緑茶組合 塚本正義(星野村) 煎…井手久幸(八女市) 玉…城 昌雄(黒木町) 煎…角 保徳(筑後市)
60	2006	平成18	静岡	玉…立石保子(星野村)	玉…山口豪吉(星野村)
61	2007	平成19	滋賀	玉…立石安範(星野村)	玉…笛田フミカ(星野村)
62	2008	平成20	熊本	玉…立石安範(星野村)	玉…山口和則(星野村) 煎…(農)八女中央茶共同組合 代表 中嶋実(八女市)
63	2009	平成21	埼玉	玉…立石安範(星野村)	玉…立石保子(星野村)
64	2010	平成22	奈良	玉…金子 守(八女市上陽町)	玉…小山田幹男(八女市黒木町)
65	2011	平成23	鹿児島	玉…立石安範(八女市星野村)	玉…馬場 満(八女市黒木町)
66	2012	平成24	静岡	玉…堀川祐助(八女市黒木町)	玉…金子 守(八女市上陽町) 玉…立石保子(八女市星野村)

玉露=玉 ／ 煎茶=煎 ／ 冠=かぶせ

No.	年	元号	開催地		
67	2013	平成25	京都		玉…堀川祐助（八女市黒木町） 玉…栗原昭夫（八女市矢部村）
68	2014	平成26	宮崎	煎…（農）八女美緑園製茶 山﨑隼平（八女市） 玉…宮原義昭（八女市星野村）	煎…（農）八女美緑園製茶 代表 古川昭俊（八女市） 玉…栗原昭夫（八女市矢部村） 玉…竹下逸夫（八女市上陽町）
69	2015	平成27	静岡	玉…井上一美（八女市上陽町）	玉…金子 守（八女市上陽町）
70	2016	平成28	三重	玉…宮原義昭（八女市星野村）	玉…井上元己（八女市上陽町）
71	2017	平成29	長崎	玉…久間正大（八女市上陽町）	
72	2018	平成30	静岡	玉…倉住 努（八女市星野村）	玉…（農）みどり園大渕 野中利彦（八女市黒木町）
73	2019	令和1	愛知	玉…山口豪吉（八女市星野村）	玉…山口孝臣（八女市星野村）
74	2020	令和2	鹿児島	玉…新枝折製茶 城昌史（八女市黒木町）	玉…栗原昭夫（八女市矢部村） 冠…石井製茶工場 石井節子（八女市）
75	2021	令和3	埼玉		玉…グリーンティ日向神 月足靖彦（八女市黒木町） 玉…山口勇製茶 山口孝臣（八女市星野村）
76	2022	令和4	静岡		玉…宮原義昭（八女市星野村） 煎…農事組合法人 八女美緑園製茶 代表 江島一信（八女市）
77	2023	令和5	福岡	玉…倉住 努（八女市星野村）	玉…（農）みどり園大渕 林田和広（八女市黒木町）

八女茶年表

〈平安時代末期〉

12世紀前半		博多津の唐房に宋風喫茶が伝わる（天目碗出土）

〈鎌倉時代〉

1191年	建久2	栄西、宋から2度目の帰国、脊振山に茶の種子を播く
1192年	建久3	栄西、草野に千光寺を建立する
1195年	建久6	栄西、博多に聖福寺を建立する

〈室町時代中期〉

（応永年間）		栄林周瑞が筑後国鹿子尾村に霊巌寺を建立する
1423年	応永30	松尾太郎五郎久家が没するこの頃、鹿子尾村一帯に茶園栽培が拡がり、八女茶の始まりとなる
1560年	永禄3	豊前地方で茶を栽培する

〈江戸時代中期〉

1754年	宝暦4	鹿子尾村一帯、大坂に茶を販売する

〈江戸時代後期〜末期〉

1831年	天保2	宇治式製茶が始まる（山内村・古賀平助）山間で茶栽培広まる
1854年	安政1	開国。緑茶が主要輸出品となる
1863年	文久3	八女東部の山間地で茶生産が増える

西暦	和暦	出来事
〈明治時代〉		
1873年	明治6	星野村に官設紅茶伝習所をおく
1879年	明治12	玉露生産が福岡県で初めて行われる
1884年	明治17	茶業組合を設立する 県茶業取締所（福島町）をおく
1886年	明治19	博多港に輸出製茶検査所をおく
1887年	明治20	茶業組合の組織を改変する
1889年	明治22	紅茶の伝習盛んになる
1896年	明治29	八女郡が発足する
1901年	明治34	豊前茶業組合に紅茶精製研究所がおかれる
1904年	明治37	星野村で玉露の試製をおこなう
1907年	明治40	農事試験場に紅茶試験所をおく
〈大正時代〉		
1913年	大正2	紅茶試験所を閉鎖する
1914年	大正3	緑茶伝習所をおく 茶、八女西部へ広まる 福岡県に茶業専技手をおく
1917年	大正6	玉露熱が旺盛となる
1922年	大正11	機械製茶がはじまる（光友村）
1923年	大正12	八女郡が廃止される
1925年	大正14	緑茶伝習所を岡山村へ移す
1926年	大正15	農事試験場茶業部をおく（岡山村） 八女郡役所が廃止され、町村が発足する
〈昭和時代以降〉		
1927年	昭和2	農事試験場筑後分場をおく（羽犬塚町）
1928年	昭和3	福岡県茶業組合を設立する
1934年	昭和9	てん茶の試験を行う（筑後分場、星野村）
1935年	昭和10	筑後分場に紅茶研究室をおく
1937年	昭和12	県購販連に製茶加工場を設置する

西暦	和暦	事項
1938年	昭和13	星野村にてん茶機械を設置する
1943年	昭和18	茶業組合を解散する
1947年	昭和22	全国製茶品評会を行う
1950年	昭和25	筑後分場を九州農業試験場茶業部へ統合する
1952年	昭和27	福岡県茶業連合会を結成する 第6回全国製茶品評会を久留米市で開催する
1953年	昭和28	農林省登録品種が発表される（やぶきた等15品種）
1955年	昭和30	緑茶輸出が不調
1958年	昭和33	県農業試験場茶業指導所をおく
1960年	昭和35	日本茶業協会を日本茶業中央会と改称する
1963年	昭和38	八女茶農協連低温倉庫が竣工する 福岡県茶生産組合連合会が結成される 霊巌寺で献茶祭がはじまる 福岡県茶共進会がはじまる
1964年	昭和39	福岡県茶商組合連合会が設立される
1967年	昭和42	第21回全国茶品評会を筑後市で開催する
1968年	昭和43	福岡県茶園共進会がはじまる
1969年	昭和44	第6回九州茶業大会を八女市で開催する 八女中央大茶園着工
1971年	昭和46	県茶業共進会（茶・茶園）がはじまる 福岡県茶商組合連合会を解散する 福岡県茶商工業協同組合を設立する 防霜ファンの普及はじまる
1972年	昭和47	福岡県茶商工業協同組合統一銘柄として「八女さやか」を発売する 福岡県茶連嘱託指導員をおく
1974年	昭和49	八女茶農協連を解散する 福岡県購販連茶流通センターが発足する
1975年	昭和50	福岡県茶業振興推進協議会が発足する 日本茶業中央会が発足する

西暦	和暦	事項
1979年	昭和54	(農)八女中央茶共同組合が天皇杯を受賞する 福岡県茶業青年の会が発足する
1982年	昭和57	福岡県八女茶手もみ保存会が発足する
1983年	昭和58	第20回九州お茶まつりを八女市で開催する
1984年	昭和59	第38回全国お茶まつりを久留米市で開催する
1991年	平成3	福岡県農業総合試験場茶業指導所を福岡県農業総合試験場八女分場と改称する 第27回九州お茶まつりを八女市で開催する
1997年	平成9	八女伝統本玉露の名称使用がはじまる
2000年	平成12	福岡県農林業総合試験場八女分場が茶品種「さえみどり」の優れた特性を研究発表する 第33回九州お茶まつりを福岡市で開催する
2003年	平成15	全国農業協同組合連合会、福岡県本部茶取引センターと改称する
2005年	平成17	第59回全国お茶まつりを筑後市で開催する
2006年	平成18	乗用型管理機対応玉露棚施設竣工する
2010年	平成22	第40回九州お茶まつりを筑後市で開催する
2012年	平成24	グリーンワールド八女が天皇杯を受賞する
2015年	平成27	八女伝統本玉露が国の地理的表示〈GI〉の第5号に登録される(農林水産省)
2020年	令和2	「福岡の八女茶」のロゴタイプを制定する
2023年	令和5	中国江蘇省蘇州市呉中区の霊巌山寺を表敬訪問し、霊巌寺(八女市黒木町)で祈願した「福岡の八女茶」を奉納する 第77回全国お茶まつり福岡大会を八女市で開催する 福岡の八女茶 発祥600年祭を八女市で開催する

おわりに

福岡の八女茶発祥600年祭実行委員会では、令和5年（2023）に「八女茶発祥600年」を迎えるにあたり、令和4年大晦日に霊巌寺において大願成就の梵鐘をつき、記念事業に向けた準備が本格的にスタートしました。

事業の一環である書籍刊行は、福岡の八女茶を国内外の皆様に広くPRするとともに、末永くご愛顧いただく趣旨から、写真や図表、年表などを織り交ぜ、よりワイドな四六判により編集いたしました。

構成については、第一部・序章で特別座談会。続いて4章にわたり八女茶の現在と今後について展望しています。第二部で八女茶史600年の軌跡を振り返り、巻末に付録として全国茶品評会成績、八女茶年表、参考文献を付し資料性を高めています。

主な読者として、一般、学生、お茶愛好家をはじめ、茶業関連機関、大学、図書館など幅広い分野でのご利用・ご購読を願っております。

今後は、多くの読者の皆様方に支えられ、おいしい八女茶への理解がさらに深まりますとともに、次世代を担うお茶農家やお客様との確かな信頼関係が築かれますことを、期待いたします。

結びに、編集に際し、貴重なご助言並びにデータ提供をいただきました農林水産省、福岡県、八女市、茶業関連団体の皆様方に対し、厚く御礼申し上げます。

なお、中央公論新社　雑誌・事業局デジタル戦略部編集担当部長　川口由貴様、同書籍編集局　ラクレ編集部副部長　小林裕子様には、企画段階から構成・編集に携わっていただき、さらに現地取材にもご同行いただくなど特段のご鞭撻を賜りました。上梓に際し、記して謝意を表します。

令和5年10月28日

福岡の八女茶発祥６００年祭実行委員会
実行委員長　三田村統之

八女茶発祥600年、伝統を継承する。

福岡の八女茶発祥600年祭実行委員会

〒834-0065 福岡県八女市亀甲55-1　0943-25-2887　info@fukuoka-yamecha.jp

[H P]

[Instagram]

ロゴマーク　Ⓡ福岡県登録商標(登録番号第6214141号)(左)　©2023 MARKETINGMIX Inc.(右)

ポスター　©2023 MARKETINGMIX Inc.

参考文献

〈対外交渉史〉

- 栄西と中世博多展実行委員会編 福岡市博物館開館20周年記念・NHK福岡放送局開局80周年記念 対外交流史5『栄西と中世博多展』同実行委員会 2010年
- 大津透『律令国家と隋唐文明』岩波新書 2020年
- 大庭康時『博多の考古学―中世の貿易都市を掘る』高志書院 2019年
- 川添昭二『鎌倉文化―教育社歴史新書』教育社 1978年
- 川添昭二「鎌倉時代の対外関係と文物の流入」『岩波講座日本歴史6 中世』岩波書店 1975年
- 川添昭二『対外関係の史的展開』文献出版 1996年
- 木宮泰彦『日華文化交流史』冨山房 1965年
- 五味文彦「日宋貿易の社会構造」『今井林太郎先生喜寿記念国史学論集』同論文集刊行会 1988年
- 五味文彦編『交流・物流・越境―中世都市研究11』新人物往来社 2005年
- 近藤成一・坂上康俊『古代中世の日本』放送大学教育振興会 2023年
- 志村洋・吉田伸之編『近世の地域と中間権力』山川出版社 2011年
- 鈴木敦子『日本中世社会の流通構造』校倉書房 2000年
- 対外関係史総合年表編集委員会編『対外関係史総合年表』吉川弘文館 1999年
- 舘隆志『鎌倉時代禅僧喫茶史料集成』勉誠出版 2023年
- 宮本雅明「空間志向の都市史」高橋康夫・吉田伸之編『日本都市史入門Ⅰ 空間』東京大学出版会 1989年
- 宮本雅明「中世後期博多聖福寺境内の都市空間構成」『建築史学』第17号 1991年
- 村井章介・荒野泰典編『新体系日本史5 対外交流史』山川出版社 2021年
- 浜下武志・川勝平太編『アジア交易圏と日本工業化1500―1900』リブロポート 1991年
- 森克己『日宋貿易の研究』(正・続・続々)国書刊行会 1975年

〈喫茶史・茶業〉

- 安達披早吉編『京都府茶業史』京都府茶業組合連合会議所　１９３５年
- ＮＰＯ法人日本茶インストラクター協会編『改訂版 日本茶のすべてがわかる本―日本茶検定公式テキスト』農山漁村文化協会 ２０２３年
- 太田勝也『長崎貿易』同成社 ２０００年
- 岡倉覚三『茶の本』岩波文庫　１９７５年
- 岡倉天心・佐伯彰一ほか訳『東洋の理想』平凡社東洋文庫　１９８８年
- 岡倉天心・日本美術院訳『天心先生欧文著書抄訳』日本美術院 １９２３年
- 角山栄『茶の世界史』中公新書 １９８０年
- 窪川雄介編著『茶のすべて』図書印刷 １９９７年
- 曽根俊一・足立東平編『静岡茶の元祖　聖一国師』静岡県茶業会議所 １９７９年
- 史学会編『史学雑誌』第99編第5号〜第１３２編第5号 山川出版社 １９９９年〜２０２３年
- 多賀宗隼『栄西』人物叢書〔新装版〕吉川弘文館 １９８６年
- 瀧恭三編『静岡県茶業史』（正・続）静岡県茶業組合連合会議所 １９２６年・１９３７年
- 東京藝術大学岡倉天心展実行委員会編『岡倉天心―芸術教育の歩み』同実行委員会 ２００７年
- 静岡県茶業会議所編『新茶業全書』（6版改訂）同会議所 １９８０年
- 内藤恵久『地理的表示法の解説』大成出版社 ２０１５年
- 日本茶輸出百年史編纂委員会編『日本茶輸出百年史』中央公論事業出版 １９５９年
- 橋本素子「日本の喫茶文化の歴史」周鋒・王苗監修 日中文化交流誌『和華』第10号 特集 茶 アジア太平洋観光社 ２０１６年
- 布目潮風『中国喫茶文化史』岩波現代文庫 ２００１年
- 布目潮風『中国茶の文化史 固形茶から葉茶へ―研文選書』研文出版 ２００１年
- 本馬恭子『大浦慶女伝ノート』私家版 １９９０年
- 福岡県立農業試験場編『福岡県立農業試験場百年史』福岡県 １９７９年
- 福岡県農政部農産園芸課ほか編『福岡県の茶業』福岡県 １９８８年
- 福岡県茶業振興推進協議会・福岡県茶生産組合連合会編『やめ茶丸だより』24号〜27号 ２０２０年〜２０２３年
- ブライアン・バークガフニ編著『長崎游学5　グラバー園への招待』長崎文献社 １９９９年

・前田拓・姫野順一監修『抹茶革命と長崎』長崎文献社 2023年
・松崎芳郎編著『年表 茶の世界史』八坂書房 2012年
・柳田國男「茶の話」『故郷七十年』のじぎく文庫 1959年
・柳田國男「並木の話」『豆の葉と太陽』創元社 1941年
・山本正三『茶業地域の研究』大明堂 1973年

〈史資料・市町村史等〉

・『定法之次第』紙本墨書掛巻装 本地28・9×41・0センチ
・伊藤常足『太宰管内志』中巻 筑後國 豊前國 豊後國 日本歴史地理学会 1909年
・八尋和泉「漉真士珎作頂相彫刻二例」『九州歴史資料館研究論集3』九州歴史資料館 1977年
・大島真一郎「黒木」『アクロス福岡文化誌5 福岡の町並み』海鳥社 2011年
・大島真一郎「奥八女の細道へ」『アクロス福岡文化誌10 福岡県歴史散歩』海鳥社 2016年
・九州大学大学院芸術工学研究院歴史環境研究室監修『筑後黒木 黒木町黒木伝統的建造物群保存対策調査報告』黒木町教育委員会 2006年
・黒木町教育委員会編『筑後黒木 甦るふるさと黒木の近現代1864―1988』黒木町 2005年
・黒木町是調査委員会編『福岡県八女郡黒木町是』黒木町 1899年
・黒木町史編さん実務委員会編『黒木町年表』黒木町 1988年
・古賀幸雄編『寛延記：久留米藩庄屋書上』久留米郷土研究会 1976年
・古賀幸雄編・校訂『寛文十年久留米藩社方開基』久留米郷土研究会 1981年
・福岡県編『福岡県史』民俗資料編 ムラの生活（上・下）福岡県 1984年・1985年
・福岡県八女郡役所編『福岡県八女郡是』第一編 現況、第二編 参考、第三編 附録 1900年
・福岡県八女郡役所編『稿本八女郡史』八女郡 1917年
・星野村史編さん委員会編『星野村史―産業編』福岡県八女郡星野村 1998年
・みやま市史編集委員会編『みやま市史―通史編 下巻』福岡県みやま市 2020年
・八女市教育委員会編『改訂版 八女ふる里学』福岡県八女市 2021年
・八女市教育委員会編『改訂版 八女茶学』福岡県八女市 2020年

カバー写真　八女茶の新芽（表）
茶の花　茶の実（裏）

撮影　延 秀隆 p13～31、57、75、83、85、95、100
写真提供　前田耕司（カバー表）
藤木憲太（カバー裏）
福岡県茶業振興推進協議会　八女市

構成　内田丘子
執筆　古賀勝裕　仁田原壽一　大島真一郎
調整　松延久良　山浦伸二　東 穂積　谷口博信
調整総括　大島真一郎

装幀　中央公論新社デザイン室

八女茶（やめちゃ）
——発祥（はっしょう）600年（ねん）

2023年12月10日　初版発行

監　修　福岡（ふくおか）の八女茶（やめちゃ） 発祥（はっしょう）600年祭実行委員会（ねんさいじっこういいんかい）
発行者　安部順一
発行所　中央公論新社
〒100-8152　東京都千代田区大手町1-7-1
電話　販売　03-5299-1730　編集　03-5299-1740
URL　https://www.chuko.co.jp/

DTP　今井明子
印　刷　大日本印刷
製　本　大口製本印刷

©2023 FUKUOKANOYAMECHA HASSYO600NENSAIJIKKOIINKAI
Published by CHUOKORON-SHINSHA, INC.
Printed in Japan　ISBN978-4-12-005703-8 C0076
定価はカバーに表示してあります。
落丁本・乱丁本はお手数ですが小社販売部宛にお送りください。
送料小社負担にてお取り替えいたします。

●本書の無断複製（コピー）は著作権法上での例外を除き禁じられています。
また、代行業者等に依頼してスキャンやデジタル化を行うことは、たとえ個人や家庭内の利用を目的とする場合でも著作権法違反です。